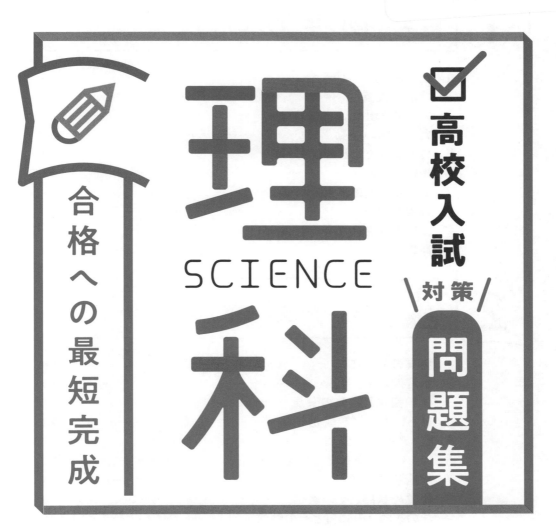

高校入試

対策

問題集

理科

SCIENCE

科

合格への最短完成

E 栄光ゼミナール監修

特長と使い方 ……………………………………………………… 4

PART 1 物理分野

1 仕事とエネルギー ……………………………… 6
2 電流の性質 ……………………………………… 11
3 力による現象 …………………………………… 16
4 力と物体の運動 ………………………………… 21
5 力のつり合いと合成・分解 …………………… 28
6 光による現象 …………………………………… 33
7 エネルギーの移り変わり ……………………… 39
8 電流と磁界 ……………………………………… 43
9 音による現象 …………………………………… 48
10 静電気と電流 …………………………………… 53

PART 2 化学分野

1 物質の成り立ち ………………………………… 58
2 水溶液とイオン ………………………………… 63
3 化学変化と物質の質量 ………………………… 67
4 いろいろな化学変化 …………………………… 72
5 酸・アルカリとイオン ………………………… 77
6 いろいろな気体とその性質 …………………… 82
7 水溶液の性質 …………………………………… 86
8 物質の状態とその変化 ………………………… 90
9 身のまわりの物質とその性質 ………………… 92

PART 3 生物分野

1 生物のふえ方と遺伝 98
2 生命を維持するはたらき 102
3 植物のつくりとはたらき 106
4 植物の分類 110
5 生物どうしのつながり 114
6 生物の観察と器具の使い方 116
7 動物のなかまと生物の進化 118
8 動物の行動としくみ 120
9 生物と細胞 124

PART 4 地学分野

1 大地の変化 128
2 気象観測と天気の変化 133
3 地球の運動と天体の動き 138
4 火山 143
5 太陽と銀河系 148
6 空気中の水の変化 151
7 天体の見え方と日食・月食 154
8 ゆれる大地 159
9 大気の動きと日本の天気 163

実戦模試

1 思考力問題演習① 168
2 思考力問題演習② 172

特長と使い方

1 出やすい順×栄光ゼミナールの監修×思考力問題対応

この本は，全国の公立高校入試問題の分析や栄光ゼミナールの知見をもとに，各分野のテーマを，出やすい・押さえておきたい順に並べた問題集です。

さらに，近年の公立高校入試で出題が増えている "思考力問題" を掲載しており，「すばやく入試対策ができる」＝「最短で完成する問題集」です。

2 「栄光の視点」の3つのコーナーで，塾のワザを "伝授"

💡 **この単元を最速で伸ばすオキテ**

学習にあたって、まず心掛けるべきことを伝授します。「ここに気をつければ伸びる」視点が身につきます。

📖 **覚えておくべきポイント**

入試突破のために押さえたい知識・視点を復習します。考え方やテクニックも解説しているので，よく読んでおきましょう。

💣 **先輩たちのドボン**

過去の受験生たちの失敗パターンを掲載しています。塾の講師が伝えたい「ありがちなミス」を防ぐことにつなげます。

※「要点」では，覚えておきたい知識を確認します。「オキテ」「ポイント」「ドボン」「要点」は，科目・テーマによって有無に違いがある場合があります。

3 「問題演習」で，定番問題から新傾向の思考力問題まで対策

「問題演習」の問題には，次のようなマークがついています。

✔ **必ず得点** ……正答率が高いなど，絶対に落とせない問題です。

🐕 **よくでる** ……出題されやすい問題です。確実に解けるようにしておきましょう。

➕ **差がつく** ……間違えるライバルが多いものの，入試で出やすい問題です。この問題ができれば，ライバルに差をつけられます。

🔔 **思考力** ……初見の資料を読み込ませるなど，「覚えているだけ」ではなく「自分の頭で考えて解く」ことが求められる問題です。この問題が解ければ，試験本番で未知の問題に遭遇しても怖くなくなるでしょう。

最後に，巻末の「実戦模試」に取り組んで，入試対策を仕上げましょう。

PART 1

物理分野

1 仕事とエネルギー 6
2 電流の性質 11
3 力による現象 16
4 力と物体の運動 21
5 力のつり合いと合成・分解 28
6 光による現象 33
7 エネルギーの移り変わり 39
8 電流と磁界 43
9 音による現象 48
10 静電気と電流 53

1 仕事とエネルギー

栄光の視点

この単元を最速で伸ばすオキテ

⤷ 量の次元をしっかりおさえておく。

仕事［J］＝力の大きさ［N］×力の向きに移動した距離［m］

$$仕事率［W］＝\frac{仕事［J］}{仕事にかかった時間［s］}$$

📖 覚えておくべきポイント

⤷ **摩擦や衝突，空気抵抗がないとき，力学的エネルギーは一定である**

　力学的エネルギー ＝ 位置エネルギー ＋ 運動エネルギー

運動エネルギーの大きさは，**物体の速さ**と**物体の質量**で決まる。

位置エネルギーの大きさは，**物体の高さ**と**物体の質量**で決まる。

⤷ **量の規則性とグラフの形を確認しておこう**

斜面から小球を転がして木片に当て，木片
が動く距離を調べる。木片の移動距離で，
小球が木片にした仕事の大きさがわかる。

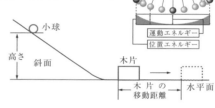

● グラフの形と示す意味の例

小球の質量と小球の水平面での速さ	小球を転がした高さと木片の移動距離	木片の移動距離が同じときの小球の質量と転がした高さ	小球の水平面での速さと木片の移動距離

💣 先輩たちのドボン

⤷ **なんとなく知っている形にあてはめて考えたら，条件ちがいだった**

問題演習のたびに，一定である量，変化する量を確認し，問題の条件と根本的な
原理が一致するものを考えられるように練習しよう。計算で使う公式も，設問
の単位とは異なる場合があるため，注意を払う必要がある。

⤷ **動滑車の重さを計算に入れる必要があるのに忘れてしまった**

与えられている条件を読み落とさないようにする。数字には印をつけるか，あら
かじめ図にかき入れるようにしよう。動滑車の重さは，計算に入れる場合と入れ
ない場合があるので注意しよう。

要 点

☑ 物体のもつエネルギー

力学的エネルギーによって，物体を動かすことができる。

物体に力を加えてある向きに移動させたとき，力がその物体に対して，仕事をしたことになる。

☑ 力学的エネルギーの保存（力学的エネルギー保存の法則）

速さが0になる高さでは，位置エネルギーだけになる。

物体が運動している間，高さが低くなるほど位置エネルギーは小さくなり，運動エネルギーは大きくなる。

☑ 仕事と力学的エネルギー

物体に対して仕事をすることは，エネルギーをやり取りすること。

・重力に逆らってする仕事…物体を高い位置に移動させると，物体は位置エネルギーを得る。

・摩擦力に逆らってする仕事…摩擦力は移動させる方向と逆向きにはたらく。

　仕事＝摩擦力×移動距離　の関係が成り立つ。

☑ 仕事と仕事率

(1) 仕事の原理…摩擦や空気抵抗などがない場合，道具を使っているかどうかにかかわらず，仕事の大きさは変わらない。

・直接引き上げる（図1）…仕事＝手が加える力の大きさ×引く距離

・定滑車を使って引き上げる（図2）…手が加える力の向きを変えられるが，力の大きさも引く距離も変わらない。

・動滑車を使って引き上げる（図3）…手が加える力の大きさは$\frac{1}{2}$倍，引く距離は2倍になる。

・輪軸を使って引き上げる（図4）…半径の比が1：2なら，手が加える力の大きさは$\frac{1}{2}$倍，引く距離は2倍になる。

・てこを使って持ち上げる（図5）…支点から作用点までの距離：支点から力点までの距離＝1：2なら，手が加える力の大きさは$\frac{1}{2}$倍，持ち上げるために押す距離は2倍になる。

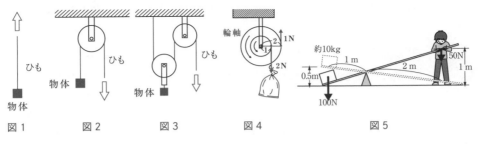

図1　　　図2　　　図3　　　図4　　　図5

(2) 仕事率…物体に対して，1秒あたりにした仕事の大きさを表す。仕事率が大きい方が，仕事の効率がよいといえる。

1 次の実験について，あとの各問いに答えなさい。 〈三重県〉

＜実験＞

　　仕事と仕事率について調べるために，質量400gのおもり（1個），ばねばかり，動滑車を用いて，次の①，②の実験を行った。ただし，実験において100gの物体にはたらく重力を1Nとし，ひもやばねばかりや動滑車の重さ，ひもと動滑車にはたらく摩擦力は考えないものとする。

① 図1のように，矢印 ▶ の向きに手でひもに力を加え，おもりを3cm/秒の一定の速さで15cm引き上げた。このとき，ばねばかりの示す値を読みとった。

② 図2のように，動滑車を1つ用いて，矢印 ▶ の向きに手でひもに力を加え，おもりを3cm/秒の一定の速さで15cm引き上げた。

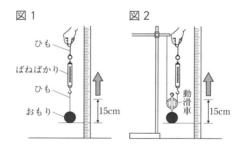

(1) ①について，読みとったばねばかりの値は何Nか，書きなさい。

〔　　　　　〕

(2) ①について，手がひもにした仕事の量は何Jか，求めなさい。

〔　　　　　〕

(3) 次の文は①，②についてまとめたものである。文中の（ A ），（ B ）に入る最も適当な数を書きなさい。また，〔　　 〕の⑦〜⑨から適当なものを選びなさい。

> 　実験②は実験①に比べて，手でひもを引く力の大きさは（ A ）倍で，手でひもを引く長さは（ B ）倍であるので，実験②で手がひもにした仕事の量は，実験①の仕事の量〔⑦より大きい　④より小さい　⑨と変わらない〕。

A〔　　　　〕 B〔　　　　〕 ⑦〜⑨〔　　　　〕

🖋️**よくでる** (4) ②について，手がひもにした仕事率は何Wか，求めなさい。

〔　　　　　〕

2 Fさんは，高いところにある物体には仕事をする能力があることに興味をもち実験1，2を行った。次の問いに答えなさい。　〈大阪府〉

図1

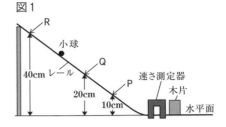

<実験1>

　　レールを用いて図1のような斜面をつくり，斜面に沿って小球を落下させ，小球が水平面上で木片に衝突する直前の速さと，小球の衝突により木片が移動した距離を調べた。小球は質量が10g，30gのものを準備し，図1に示したP（高さ10cm），Q（高さ20cm），R（高さ40cm）の3か所から落下させた。

【Fさんがまとめたこと】

・表は，実験1の結果の一部である。

落下を始める位置	小球の質量	小球の速さ	木片の移動距離
P（高さ10cm）	10g	1.4m/s	1.6cm
Q（高さ20cm）	10g	2.0m/s	3.2cm
R（高さ40cm）	10g	2.8m/s	6.4cm
P（高さ10cm）	30g	1.4m/s	4.8cm
Q（高さ20cm）	30g	2.0m/s	9.6cm

・落下を始める高さが4倍になると，衝突直前の小球の速さは　ⓐ　倍になっている。

・小球の質量が同じであるとき，落下を始める高さが2倍になると，木片の移動距離は2倍になっていることから，⑦落下を始める高さと木片の移動距離には比例の関係があると考えられる。

・落下を始める高さが同じであるとき，小球の質量が3倍になると，木片の移動距離は　ⓑ　倍になっていることから，⑦小球の質量と木片の移動距離には比例の関係があると考えられる。

(1)　上の文中の　ⓐ　，　ⓑ　に入れるのに適している数をそれぞれ求めなさい。

ⓐ〔　　　　〕　ⓑ〔　　　　〕

(2)　上の文中の下線部⑦と下線部⑦がともに成り立つとすれば，実験1の斜面を用いて，質量15gの小球を斜面上の高さ30cmの位置から斜面に沿って落下させた場合，木片の移動距離は何cmになると考えられるか，求めなさい。

〔　　　　〕

＜実験２＞

　　まさつのないレールを用いて図２のような斜面をつくり，小球がもつ位置エネルギーと運動エネルギーとの移り変わりについて調べた。斜面上のＡに小球を置いたところ，小球は運動エネルギーが

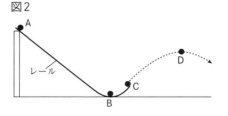

図２

０の状態から斜面に沿って落下を始め，最も低いＢを通過した後，Ｃから斜め上方に飛び出した。飛び出した後に小球が最も高くなった点をＤとし，その高さをＡの高さと比較した。

【Ｆさんが実験２から考えたこと】

　　Ｄの高さがＡの高さより低くなったことから，小球のＤにおける位置エネルギーは，小球がＡにあるときに比べて減少した。<u>ウ物体がもつ位置エネルギーと運動エネルギーの和は，まさつ力や空気抵抗がはたらかない場合には常に一定に保たれる</u>ことから考えて，小球がＡにあるときに比べて減少した分の位置エネルギーは，運動エネルギーに変わったと考えられる。

🔧 **よくでる** (3)　エネルギー保存の法則（エネルギーの保存）のうち，上の文中の下線部⑰で述べられている法則は，特に何と呼ばれているか，書きなさい。

〔　　　　　　　　　　　　〕

💡 **思考力** (4)　小球がもつ位置エネルギーは，高さによって変わる。実験２において，小球のＢにおける位置エネルギーを０とし，Ｂの高さを基準にして考えたとき，小球がもつ位置エネルギーはＡで最大となる。図３は，実験２で小球がＡからＤに達するまでの位置エネルギーの変化のようすを，横軸にＡからの水平距離，縦軸にエネルギーを用いて表したグラフである。実験２において，上の文中の下線部⑰が成り立つとき，小球がＡからＤに達するまでの運動エネルギーの変化のようすを表すグラフはどのようになるか。Ａにおける運動エネルギーを０として，解答欄中のグラフにかき加えなさい。

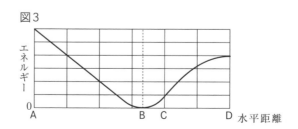

図３

2 電流の性質

栄光の視点

💡 この単元を最速で伸ばすオキテ

🗓 回路における電圧と電流と抵抗の関係をしっかりおさえておく。

電圧〔V〕＝抵抗〔Ω〕×電流〔A〕

➡抵抗が一定のとき，電流は電圧に比例する。
（図1）

$$電流〔A〕＝\frac{電圧〔V〕}{抵抗〔Ω〕}$$

図1

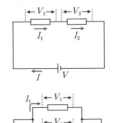

図2

➡電圧が一定のとき，電流は抵抗に反比例する（図2）。

🗓 電熱線に電流を流したとき，電力量は熱量に変換される。

電力〔W〕＝電圧〔V〕×電流〔A〕

電力量〔J〕＝電力〔W〕×時間〔s〕

熱量〔J〕＝電力〔W〕×時間〔s〕 ※時間の単位が秒(s)であることに注意。

📕 覚えておくべきポイント

🗓 **直列回路と並列回路では，処理のしかたがちがう**

・直列回路

$I = I_1 = I_2$ （電流はどこも同じ）

$V = V_1 + V_2$ （電圧は足し算）

$R = R_1 + R_2$ （抵抗は足し算）

・並列回路

$I = I_1 + I_2$ （電流は足し算）

$V = V_1 = V_2$ （電圧はどこも同じ）

$$\frac{1}{R} = \frac{1}{R_1} + \frac{1}{R_2}$$ （回路全体の抵抗の大きさは，$R_1 \cdot R_2$ それぞれの抵抗の大きさ
よりも小さくなる）

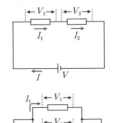

式変形をするとこのようになる。$R = \dfrac{R_1 \times R_2}{R_1 + R_2}$

・回路全体の抵抗を比べたとき

（$R_1 > R_2$ の場合）

C＞A＞B＞D となる。

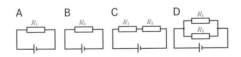

単位変換でミスをしてしまった

正しくは，　1 A ＝ 1000mA　　1 Wh ＝ 3600J　　1 kWh ＝ 1000Wh

要 点

☑ 電気回路の図のかき方

電源装置(直流電源)	スイッチ	豆電球	電気抵抗	電流計(直流用)	電圧計(直流用)	導線の交わり
─┤├─ 長い線が＋極	─╱─	─⊗─	─▭─	─Ⓐ─	─Ⓥ─	● 接続する

☑ 電流計，電圧計の使い方

電流計…はかる部分に直列につなぐ。

電圧計…はかる部分に並列につなぐ。

＜共通＞

＋端子には，電源装置の＋極と，導線をつなぐ。

大きさが予想できないときは，最も大きな値の－端子から順につなぐ。

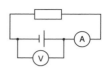

☑ 電熱線による水温の上昇

電極につなぎ，容器に入れた水に入れて温度の変化を調べる。

温度変化が大きいほど，電熱線の発熱量が大きいといえる。

＜電熱線の規格＞

「6V－9W」なら，6Vの電圧をかけると9Wの電力を得る。

このとき，電熱線に流れる電流は1.5A（9÷6），電熱線の抵抗は4Ω（6÷1.5）。

電圧が一定なら，電熱線の電力の値が大きいほど，電熱線に流れる電流が大きく，発熱量も大きい。

＜電圧と上昇温度＞（抵抗が一定の場合）

$$電力［W］＝電圧［V］×電流［A］＝\frac{電圧［V］×電圧［V］}{抵抗［Ω］}$$

上昇温度は，電力［W］および電圧の2乗に比例する（図3）。

＜熱量＞

電力量［J］◆━━▶発熱量［J］

水1gの温度を1℃上げるのに必要な熱量は1カロリー（cal）＝約4.2J。

＜電流を流す時間と上昇温度＞

電力量は時間に比例する。したがって，時間と上昇温度は比例する。(図4)

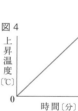

☑ 導体と不導体

・導体…電気を通しやすい金属などの物質。

　銅は，抵抗が非常に小さく，導線に使われる。

　比較的抵抗が大きいもののうち，ニクロムは電熱線に，タングステンは電球のフィラメントに使われる。

・不導体（絶縁体）…ガラス，ゴム，セラミックスなどの電気を通しにくい物質。電気を通してはいけないところに使用される。

問題演習

1 回路に加わる電圧と流れる電流の大きさを調べる実験を行った。(1)～(5)に答えなさい。

〈徳島県〉

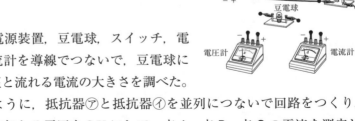
図1

＜実験＞

① 図1の電源装置，豆電球，スイッチ，電圧計，電流計を導線でつないで，豆電球に加わる電圧と流れる電流の大きさを調べた。

② 図2のように，抵抗器⑦と抵抗器⑦を並列につないで回路をつくり，回路全体に加わる電圧を3Vにして，点A，点B，点Cの電流を測定した。表1はその結果を示したものである。

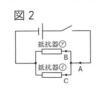
図2

表1

測定した点	点A	点B	点C
電流計の示す値(mA)	500	300	200

③ 図3のように，②で用いた抵抗器⑦と抵抗器⑦を直列につないで回路をつくり，回路全体に加わる電圧を3Vにして，点D，点E，点Fの電流を測定した。表2はその結果を示したものである。

図3

表2

測定した点	点D	点E	点F
電流計の示す値(mA)	120	120	120

よくでる (1) 実験①で，どのように導線をつないで豆電球に加わる電圧と流れる電流の大きさを調べたか，図1に必要な導線をかき加えて回路を完成させなさい。ただし，導線は図1の導線Xにならって実線で表し，図中の・につなぐこと。

(2) 実験②の抵抗器⑦，⑦について，電気抵抗が大きいのはどちらか，書きなさい。また，そう判断した理由を，「電圧」，「電流」という語句を用いて書きなさい。

抵抗器〔　　　〕理由〔　　　　　　　　　　　　　　　　　　　　〕

(3) 実験③の抵抗器⑦，⑦に加わる電圧の大きさは何Vか，それぞれ求めなさい。

⑦〔　　　〕　⑦〔　　　〕

思考力 (4) 実験①の豆電球を図2，図3の回路を使ってア〜エのようにつなぎ，電源の電圧を同じにしてスイッチを入れると豆電球が点灯した。豆電球が明るく点灯する順に，ア〜エを左から並べて書きなさい。

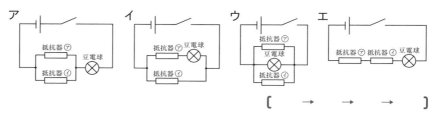

〔　　　→　　　→　　　→　　　〕

(5) 次の文は，1つのコンセントに複数の電気器具をつないで同時に使用すると危険な理由を説明したものである。正しい文になるように，文中の①はア・イのいずれかを選び，（ ② ）にはあてはまる言葉を書きなさい。

> コンセントにつないだ電気器具はたがいに①{ア 直列　イ 並列}につながっている。テーブルタップで1つのコンセントに電気ストーブやアイロン等，複数の電気器具をつないで同時に使用すると，コンセントにつながる導線に（ ② ）ため，危険である。

①〔　　　　〕　②〔　　　　　　　　　　　　　〕

---

2 次の実験I，IIについて，あとの(1)〜(5)の問いに答えよ。　　〈香川県〉

＜実験I＞

　図Iのような装置を用いて，電熱線Aに電流を流したときの，水の上昇温度を調べる実験をした。まず，発泡ポリスチレンのカップの中に，室温と同じ21.0℃の水85gを入れ，スイッチを入れて，電熱線Aに6.0Vの電圧を加え，水をときどきかき混ぜながら，5分間電流を流し，電流の大きさと水温を測定した。次に，電熱線B，Cにとりかえ，同じように実験をした。表Iは，電熱線A〜Cを用いて実験したときの結果をまとめたものである。

図I

<実験Ⅱ>

　　図Ⅰの装置を用いて，電熱線Dにとりかえ，スイッチを入れて，水をときどきかき混ぜながら，電熱線Dに1.0Aの電流を5分間流し，電圧の大きさと水温を測定した。次に，電熱線Eにとりかえ，同じように実験をした。表Ⅱは，電熱線D，Eを用いて実験したときの結果をまとめたものである。

表Ⅰ

電熱線	A	B	C
電流(A)	1.5	2.0	2.5
電圧(V)	6.0	6.0	6.0
はじめの水温(℃)	21.0	21.0	21.0
5分後の水温(℃)	28.5	31.0	33.5

表Ⅱ

電熱線	D	E
電流(A)	1.0	1.0
電圧(V)	2.1	6.0
はじめの水温(℃)	21.0	21.0
5分後の水温(℃)	23.0	26.0

(1)　実験Ⅰ，Ⅱにおいて，水をときどきかき混ぜる必要があるのはなぜか。その理由を簡単に書け。

〔　　　　　　　　　　　　　　　　　　　〕

(2)　電熱線Aの抵抗は何Ωか。　　　　　　　　　　〔　　　　　　　〕

(3)　次の文は，実験Ⅰ，Ⅱにおいて，電熱線に電流を流したときの発熱量について述べようとしたものである。文中の〔　　〕内にあてはまる言葉をア，イから一つ選んで，その記号を書け。また，文中の [　　　] 内にあてはまる数値を書け。

　　　電熱線に加わる電圧や流れる電流の値が大きいほど，電熱線に電流を流したときの発熱量は〔ア大きく　イ小さく〕なる。電熱線Cに5分間電流を流したときの発熱量は [　　　] Jである。

記号〔　　〕数値〔　　　　　〕

＋差がつく (4)　図Ⅰの装置を用いて，1.0Aの電流を流すと3.6Vの電圧が加わる電熱線にとりかえて，同じように実験すると，5分間電流を流したときの，水の上昇温度は何℃になると考えられるか。　　　〔　　　　　　　〕

🚨思考力 (5)　次に，図Ⅱのように，電熱線Bと電熱線Eをつなぎ，発泡ポリスチレンのカップの中に，室温と同じ21.0℃の水を85g入れ，スイッチを入れ，水の上昇温度を調べる実験をした。水をときどきかき混ぜながら，5分間電流を流した。このとき，電流計は1.0Aを示していた。実験Ⅰ，Ⅱの結果から考えて，スイッチを入れてから5分後の水温は，何℃になると考えられるか。　　　〔　　　　　　　〕

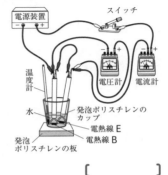

図Ⅱ

3 力による現象

栄光の視点

💡 この単元を最速で伸ばすオキテ

🔲 質量と重力のちがいをおさえておく。

質量…単位は g，kg など。上皿てんびんで分銅（質量の基準となる）と物体をつり合わせて測定する。質量はどこではかっても変わらない。

重力…大きさの単位は N など。地球が物体を引きつける力。重力の大きさは，場所によってちがう。ばねに物体をつるすと，月でののびは，地球の約 $\frac{1}{6}$ 倍。

1 N は，質量 100g の物体にはたらく重力の大きさにほぼ等しい。

🔲 フックの法則を使えるようにしておく。

ばねののびは，ばねを引く力の大きさに比例する。

→ばねののびから力の大きさがわかり，力の大きさからばねののびがわかる。

🔲 圧力は単位面積あたりを垂直におす力の大きさ。

$$圧力〔Pa〕 = \frac{面を垂直におす力〔N〕}{力がはたらく面積〔m^2〕}$$

※長さが〔cm〕の場合でも，〔m²〕に変換する必要があるのでに注意。

1 hPa ＝ 100Pa

📘 覚えておくべきポイント

🔲 **力の矢印は，3つの要素に基づいてかこう**

力がはたらく点（作用点）に・を入れ，そこから力の向きに矢印をかく。矢印の長さは，力の大きさに比例させる（図1・図2）。

🔲 **水圧は深いほど大きくなる**

水にはたらく重力によって生じる力。

水中の物体のすべての面に垂直にかかる。

同じ深さでは，水圧は同じ大きさになる。

🔲 **浮力は上向きの水圧と下向きの水圧の差である**

物体がしずんでいる部分の体積に比例する（図3）。

上向きの水圧と下向きの水圧の差は，物体の高さによるため，深さによって浮力は変わらない。

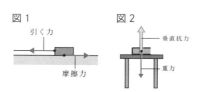

図1
引く力
摩擦力

図2
垂直抗力
重力

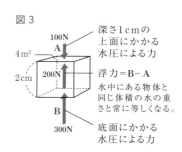

図3
100N
4m²
A
深さ1cmの
上面にかかる
水圧による力
2cm
200N
浮力＝B－A
水中にある物体と
同じ体積の水の重
さと常に等しくなる。
B
300N
底面にかかる
水圧による力

要　点

☑ いろいろな力

- 重力…地球からはたらく万有引力と地球の自転による遠心力を合わせたもの。
- 垂直抗力…面が物体におされたとき，面が物体をおしかえす力。
- 弾性力…変形した物体がもとにもどろうとする力。ばね，ゴムなど。
- 摩擦力…運動をさまたげる向きにはたらく力。ブレーキ，滑り止め，画びょうなど。
- 磁石の力…同じ極はしりぞけ合い，異なる極は引き合う。
- 静電気の力…コピー機（トナーを引きつける），ラップなどに利用。

☑ 大気圧

大気にはたらく重力による。（標高の高いところでは小さくなる。）

大気圧はあらゆる向きから物体の面に垂直にはたらく。

（吸盤をおしつける。ストローで吸いあげる。布団圧縮袋の利用。）

☑ グラフのかき方（実験結果をグラフにするとき）

(1) 縦軸と横軸を引く。

最大値を考えて縦と横のバランスを決める。

数値を入れやすいように目盛りを入れる。

軸の項目と単位を入れる。

(2) 測定値を記入する。

目盛りに合うように，測定値を・や×でかき入れる。

(3) 線を引く。

曲線か直線かを判断する。

（値の関係を見極める。正比例か反比例かその他か。）

測定値の・や×が線の上下に同じばらつきになるように線をひく。

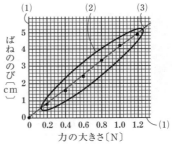

☑ 水中の物体の浮力の変化

質量300g，高さ5cmの物体をばねばかりにつるして，少しずつ水中に入れていく（①～④）。

このとき，ばねばかりの値の変化と，物体にはたらく浮力の変化は，下のグラフのようになる。

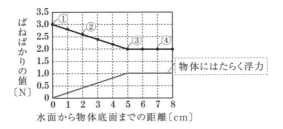

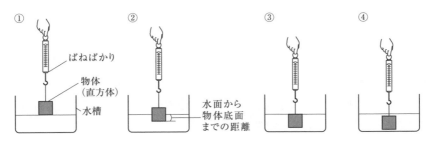

問題演習

1 まさるさんは，スポンジの上に置いた物体の質量と，スポンジのへこみ方との関係を調べるために，次の実験を行った。次の問いに答えなさい。ただし，スポンジのへこみは，圧力の大きさに比例するものとする。また，100gの物体にはたらく重力の大きさを1Nとする。　　〈山梨県〉

＜実験1＞

①　図1のような，底面積40cm²，質量100gで底が平らな容器Aを用意した。

②　図2のように，容器Aをスポンジの上に置き，スポンジのへこみを測定した。

③　図2の状態の容器Aに水を50gずつ加えていき，そのたびにスポンジのへこみを測定した。その結果を表1のようにまとめた。

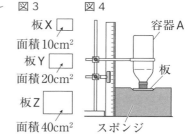

図1　容器A　面積40cm²
図2　容器A　スポンジ

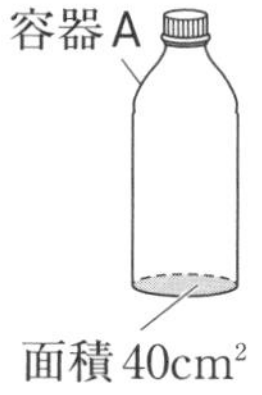

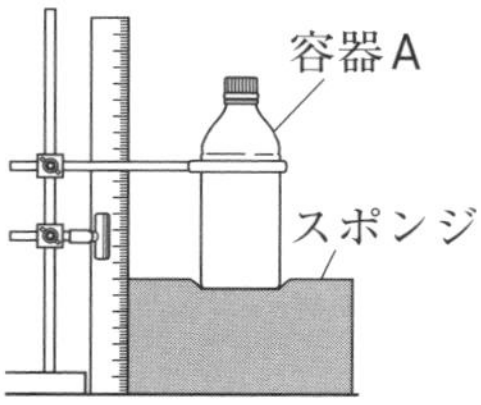

表1

容器Aに加えた水の質量〔g〕	0	50	100	150	200	250
容器Aと水をあわせた質量〔g〕	100	150	200	250	300	350
スポンジのへこみ〔mm〕	4	6	8	10	12	14

＜実験2＞

①　図3のような，面積の異なる板X〜Zを用意した。

②　＜実験1＞と同じ容器Aを逆さにして板の上にのせて図4のようにして，スポンジのへこみを測定した。その結果を表2のようにまとめた。ただし，容器Aに水は入れず，板の質量は無視できるものとする。

図3　板X　面積10cm²　板Y　面積20cm²　板Z　面積40cm²
図4　容器A　板　スポンジ

＜実験3＞

①　底が平らで容器Aより底面積が大きい容器Bを用意した。

②　＜実験1＞の②，③と同様の操作を行い。スポンジのへこみを測定した。その結果の一部を表3のようにまとめた。

表2

	板X	板Y	板Z
容器Aの質量〔g〕	100	100	100
板の面積〔cm²〕	10	20	40
スポンジのへこみ〔mm〕	16	8	4

表3

容器Bに加えた水の質量〔g〕	0	50	100	150	200	250
スポンジのへこみ〔mm〕	5	6	7	8	9	10

よくでる (1)　図5は，＜実験1＞で，水150gを入れたときのようすを表したものである。容器Aがスポンジから受ける力の大きさを矢印━━▶でかきなさい。ただし，作用点は・とし，方眼1目盛りは0.5Nの力の大きさを表すものとする。また，容器内の水はかき表していない。

図5
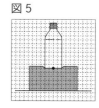

よくでる (2) ＜実験２＞で，板Ｙに容器Ａをのせ，スポンジの上に置いたとき，スポンジにはたらく圧力の大きさを求め，単位をつけて答えなさい。ただし，単位は記号で書きなさい。

〔　　　　　〕

思考力 (3) ＜実験１＞～＜実験３＞の結果から，①，②の問いに答えなさい。
① 容器Ｂの質量は何ｇと考えられるか，求めなさい。〔　　　　　〕
② 容器Ｂの底面積は何 cm^2 と考えられるか。求めなさい。〔　　　　　〕

2 水中の物体にはたらく力について調べるため，下の実験１，２を行った。次の問に答えなさい。ただし，100ｇの物体にはたらく重力の大きさを１Ｎとし，水の密度を 1.0g/cm^3 とする。
〈青森県〉

＜実験１＞
　異なる種類の物質でできた１辺が４cmの立方体の物体Ａ，Ｂを準備した。空気中でばねばかりにつるしたところ，物体Ａは 1.80N，物体Ｂは 2.70N を示した。次に，図１のように，ゆっくりと水中に沈めていき，水面から物体の下面までの距離と，ばねばかりの値を測定した。表は，その結果をまとめたものである。ただし，物体の下面は常に水面と平行であり，容器の底面に接していないものとする。

図1

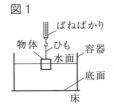

水面から物体の下面までの距離〔cm〕	1	2	3	4	5
物体Aのばねばかりの値〔N〕	1.64	1.48	1.32	1.16	(　)
物体Bのばねばかりの値〔N〕	2.54	2.38	2.22	2.06	2.06

＜実験２＞
　実験１で用いた物体Ａ，Ｂと，ある長さのばねを準備した。空気中で物体Ａをつるすとばねは６cmのびた。次に，図２のように，物体Ｂをばねにつるして水中に全部沈めたところ，ばねの長さは12cmであった。さらに，図２の状態から，図３のように，ばねの長さが８cmになるように物体Ｂを容器の底面に接するように沈めた。

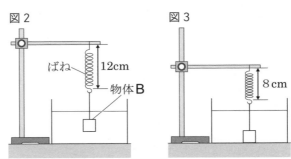

(1) 実験1について，次の①～④に答えなさい。

✔必ず得点 ① 表の（　）に入る適切な数値を書きなさい。

〔　　　　　〕

✔必ず得点 ② 水面から物体Aの下面までの距離が2cmのとき，物体Aにはたらく重力の大きさは何Nか，書きなさい。

〔　　　　　〕

③ 水面から物体Bの下面までの距離が5cmのとき，下面にはたらく水圧が500Paだった。物体Bの上面にはたらく水圧は何Paか，求めなさい。

〔　　　　　〕

④ 水面から物体の下面までの距離と物体が水中で受ける浮力との関係を示したグラフとして最も適切なものを，次の1～6の中から一つ選び，その番号を書きなさい。

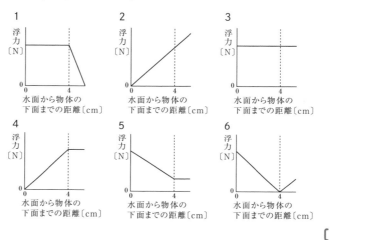

〔　　　　　〕

(2) 実験2について，次の①，②に答えなさい。

🐀よくでる ① 図2のとき，物体Bにはたらく水圧の向きと大きさを模式的に表したものとして最も適切なものを，次の1～4の中から一つ選び，その番号を書きなさい。ただし，矢印の向きは水圧のはたらく向きを，矢印の長さは水圧の大きさを表している。

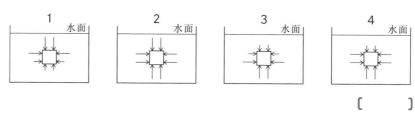

〔　　　　　〕

🔔思考力 ② 図3のとき，容器の底面が物体Bを上向きに押す力は何Nか，求めなさい。

〔　　　　　〕

4 力と物体の運動

栄光の視点

💡 この単元を最速で伸ばすオキテ

🗝 速さは，単位時間に移動する距離。

$$速さ \, [m/s] = \frac{移動距離 \, [m]}{かかった時間 \, [s]}$$

※速さの単位には，[cm/s]，[km/h] などがある。

🗝 速さを計算する方法と処理のしかた。

記録タイマー…1打点は $\frac{1}{50}$ 秒（東日本）または $\frac{1}{60}$ 秒（西日本）。

→5打点または6打点で区切ると，0.1 秒間の移動距離になる。

ストロボスコープ…一定の時間間隔で発光するストロボ装置を使って撮影する。

→写っている位置から，移動距離を出す。

🗝 等速直線運動は，速さと向きが変化しない運動。

力がはたらいていないか，はたらいていてもつり合っている。

慣性の法則に基づいた動きである。

📕 覚えておくべきポイント

🗝 **作用・反作用は，お互いがお互いを押す力**

相手に力を加えると，相手が逆向きに同じ大きさの力で押し返してくる。

相手は力を受け，自分は逆に押し返す力を受ける。

垂直抗力…物体が接触している面を押しているとき，作用・反作用の法則によってはたらく力。

🗝 **記録タイマーのテープの打点からわかること**

①速さが変わらない運動

→打点が等間隔。間隔と速さは比例する。

②だんだん速くなる運動

→打点の間隔がだんだん広くなる。

③だんだんおそくなる運動

→打点の間隔がだんだんせまくなる。

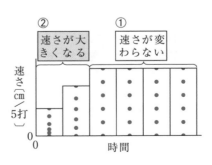

☑ いろいろな運動の速さと移動距離の関係

(1) なめらかな水平面を台車が動くとき（等速直線運動）

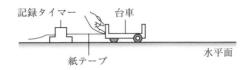

(2) 台車を一定の力で引くとき（糸におもりをつるしたとき）

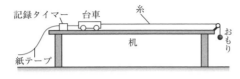

(3) 斜面を下る台車の運動

実験1   実験2

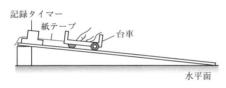 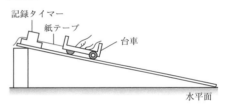

運動の向きに一定の力がはたらく。
斜面の傾きが大きいほど，
速さが増加する割合も大きい。

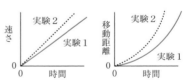

(4) 自由落下する小球の運動
　　空気抵抗を考えないとき…だんだん速くなる運動
　　　　　　　　　　　　（傾きが90度の斜面と同じと考える）
　　空気抵抗を考えたとき…ある速さに達するとそれ以上速くならなくなる。

(5) 斜面を上る小球の運動（手でおし出して上らせるとき）
　　運動の向きとは逆向きに一定の力がはたらく。
　　だんだんおそくなり，いったん停止して，
　　今度は斜面を下り始める。
　　（a→b→c→d→e→d→c→b→a）

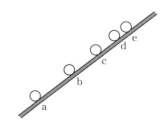

問題演習

1 質量50kgのPさんと質量60kgのQさんが，池でそれぞれボートに乗って向き合って座り，PさんがQさんを押した。図は，このときのようすを模式的に表したものである。図の矢印（⇒）は，PさんがQさんを押した力を表している。このとき，PさんがQさんから受けた力を，図に矢印（→）でかき入れなさい。

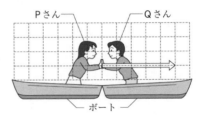

〈静岡県〉

2 図1は，600gの本を机の上に置いたとき，本と机それぞれにはたらく力を矢印a〜cで模式的に表したものである。また，図2は，500gの辞書をこの本の上に重ねて置いたときのようすを表したものである。次の(1)，(2)に答えなさい。ただし，100gの物体にはたらく重力の大きさを1Nとする。

a：机が本を押す力
b：本が受ける重力
c：本が机を押す力

〈青森県〉

(1) 図1のa〜cのうち，「2力のつり合い」の2力，「作用・反作用」の2力をそれぞれ選び，その記号を書きなさい。

2力のつり合い〔　　　〕　　作用・反作用〔　　　　〕

(2) 図2のとき，「机が本を押す力」の大きさは何Nか，求めなさい。

〔　　　　　　〕

3 台車が斜面を下る運動について調べるために，次の実験を行った。後の(1)〜(3)の問いに答えなさい。空気抵抗や台車と面との摩擦は考えないものとし，斜面と水平な床はなめらかにつながっているものとする。

〈群馬県〉

＜実験1＞

図Ⅰのように，紙テープをつけた台車を斜面上に置き，静かに離したところ，台車は斜面を下った。台車が手から離れた後の運動を，$\frac{1}{50}$ 秒間隔で点を打つ記録タイマーを用いて紙テープに記録した。図Ⅱは，記録された紙テープを5打点ごとに切って台紙にはり，5打点ごとに移動した距離を示したものである。

図Ⅰ

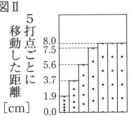

図Ⅱ
5打点ごとに移動した距離
[cm]

8.0
7.5
5.6
3.7
1.9
0.0

<実験2>

　　実験1よりも斜面の傾きを大きくして，紙テープをつけた台車を斜面上に置き，静かに離したところ，台車は斜面を下った。図Ⅲは，台車が手から離れた後の運動について，記録された紙テープを5打点ごとに切って台紙にはり，5打点ごとに移動した距離を示したものである。

図Ⅲ

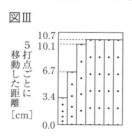

図Ⅳ

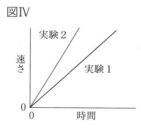

(1) 図Ⅳは，実験1，2で台車が斜面を下っているときの，時間と速さの関係をそれぞれ表すグラフである。実験1に比べ，実験2のほうが直線の傾きが大きくなった理由を，台車にはたらく力に着目して，簡潔に書きなさい。

〔　　　　　　　　　　　　　　　　　　　　　　　〕

よくでる (2) 次の①，②の問いに答えなさい。

　① 実験1において，台車が斜面を下りきってから水平な床を進んでいるときの速さはいくらか，書きなさい。

〔　　　　　〕

　② 実験1，2において，台車が斜面を下りきってから水平な床を進んでいるときの，時間と移動距離の関係を表すグラフとして最も適切なものを，次のア～エから選びなさい。

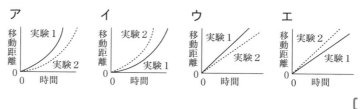

〔　　　　　〕

思考力 (3) 実験1，2において，台車を置く位置をそれぞれ変えて実験したところ，台車が手から離れた後の，時間と速さの関係を表すグラフは図Ⅴのようになった。この場合，実験1，2における台車を置く位置をどのように設定したか，簡潔に書きなさい。

図Ⅴ

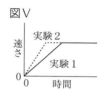

〔　　　　　　　　　　　　　　　　　　　　　　　〕

4 図1，2のような2つのコースをつくり，下の実験1，2を行った。なお，2つのコースの水平面に対する斜面の傾きはすべて同じである。また，小球はコース面から離れることなく，なめらかに運動し，小球にはたらく摩擦や空気の抵抗は無視できるものとして，あとの問いに答えよ。　〈福井県〉

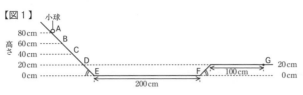

表

小球を置いた点	A	B	C	D
小球を置いた高さ (cm)	80	60	40	20
小球の速さ (m/s)	4.0	3.5		2.0

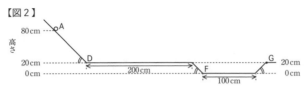

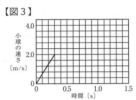

＜実験1＞
　図1のコースを用いて小球の速さについて調べた。

操作：Aに小球を置き，静かに手を離したあとの水平面EF上における小球の運動のようすをストロボスコープを使って撮影した。同様の操作をB〜Dについても行った。

結果1：撮影した写真から水平面EF上の小球の速さをそれぞれ求めたところ，A，B，Dは，表のような結果となった。

結果2：図3のグラフは，Aで手を離したあとの小球の運動について，時間と小球の速さの関係の一部を表している。なお，グラフの横軸は小球が動き出してからの時間〔s〕を，縦軸は小球の速さ〔m/s〕をそれぞれ示す。

(1) 小球が斜面を下っているとき，小球にはたらく力を表した図はどれか。最も適当なものを次のア〜エから1つ選んで，記号を書け。

ア　　　　　イ　　　　　ウ　　　　　エ

〔　　　〕

(2) 表の空欄について，Cで手を静かに離したあとの写真を見ると，小球は水平面EF上を0.5sの間に140cm移動していることが分かった。表の空欄に入る速さは何m/sか，書け。

〔　　　〕

(3) 図3について，Fに到達するまでの小球の速さと時間の関係を，図3のグラフに続けて書け。

＜実験2＞

図1と図2のそれぞれのコースでAに小球を置き，静かに手を離したときの小球の運動について比較した。

(4) 図1と図2のコースで，Gにおける小球のそれぞれの速さを比較すると，どのようになっているか。次のア〜ウから1つ選んで，その記号を書け。

　ア　図1のコースの方が速い。　イ　図2のコースの方が速い。
　ウ　図1と図2のコースは同じ速さになる。

〔　　　　　〕

🚨 思考力 (5) 図1と図2のそれぞれのコースについて，Aに小球を置き，静かに手を離してからGに到達するまでの時間を比較すると，どのようになっているか。次のア〜ウから1つ選んで，その記号を書け。

　ア　図1のコースの方が短い。　イ　図2のコースの方が短い。
　ウ　図1と図2のコースは同じ時間になる。

〔　　　　　〕

5 発泡ポリスチレン球と金属球を用意して，物体の運動と空気の抵抗の関係を調べるために，実験を行なった。次の問いに答えなさい。　〈大分県・改〉

＜実験＞

発泡ポリスチレン球を空気中で，金属球を真空中でそれぞれ静止させた状態から落下させた。その運動のようすを，デジタルカメラの連続撮影の機能を用いて$\frac{1}{20}$秒ごとに撮影した。図は，そのときのようすを記録したものである。金属球の$\frac{1}{20}$秒ごとの移動距離は，増え続けていた。発泡ポリスチレン球の$\frac{1}{20}$秒ごとの移動距離は，増え続けていたが，A点から下では15.5cmと一定になり，□□□□□運動していることがわかった。

✔必ず得点 (1) 文中の □□□□□ にあてはまることばを書きなさい。

〔　　　　　〕

⚡よくでる (2) A点から下の発泡ポリスチレン球の速さは何cm/sか，求めなさい。

〔　　　　　〕

(3) A点から下の発泡ポリスチレン球にはたらく力の矢印として最も適当なものを，ア〜カから1つ選び，記号で書きなさい。ただし，力の矢印が重ならないようにずらして示している。

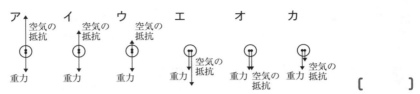

ア イ ウ エ オ カ

[　　　]

6 図1のようにまっすぐなレールを用いて斜面を作り，レール上のA点で小球をしずかにはなした。ただし，斜面上では小球は常にレールの上を運動し，小球とレールの間の摩擦や空気抵抗は考えないものとする。

〈長崎県・改〉

図1

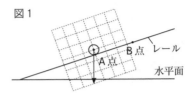

よくでる (1) 小球にはたらく重力が図1の矢印で表されている。この重力のレールに平行な分力とレールに垂直な分力を図1にかき入れよ。

(2) レールを下っている小球にはたらく力と小球の運動について述べた文として最も適当なものは，次のどれか。

　　ア　レールに沿う方向の力はしだいに大きくなり，速さの変化の割合も大きくなる。

　　イ　レールに沿う方向の力はしだいに大きくなるが，速さの変化の割合は変わらない。

　　ウ　レールに沿う方向の力は変化しないが，速さの変化の割合は大きくなる。

　　エ　レールに沿う方向の力は変化せず，速さの変化の割合も変わらない。

[　　　]

思考力 (3) 次に，小球をA点からレールに沿って上向きにおし出したところ，小球はレールを上り，2秒後にA点に戻ってきた。図2は，A点からおし出されてからの小球の速さと時間の関係を表したグラフであるが，小球が最初にB点を通過する時間までしかかかれていない。このグラフの続きを2秒後まで図2にかけ。ただし，B点より上のレールは十分に長く，小球がレールの軌道からはずれることはないものとする。

図2

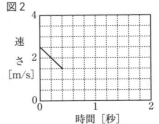

5 力のつり合いと合成・分解

栄光の視点

💡 この単元を最速で伸ばすオキテ

 力の合成のしかた。

①2力が一直線上にあり，向きが同じ場合　　②2力が一直線上にあり，向きが逆の場合

③2力が一直線上にない場合

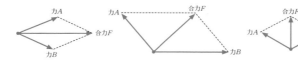

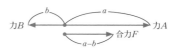
2つの力を2辺とする
平行四辺形の対角線
が2力の合力となる。

力の分解のしかた。

 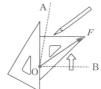 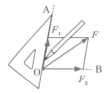

力を分解する方向を
決める。
→分解する力の矢印
　の先を通る平行線
　をひく。
→分力を矢印でかく。

📘 覚えておくべきポイント

斜面上の物体にはたらく力を分解して考える

斜面に平行な分力…傾きが大きくなると，大きくなる。
　　　　　　　　　→物体の速さの変化が大きくなる。
斜面に垂直な分力…傾きが大きくなると，小さくなる。
　　　　　　　　　→垂直抗力とつり合う。

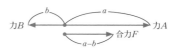
（図：垂直抗力N，斜面下向きの力A，斜面に垂直な力B，物体にはたらく重力W）

ひもの間の角度が大きいほど大きな力が必要となる

ひもを引く力の合力と物体の重力がつり合う。
ひもの間の角度が120°になると，ひもを引く力と合力の大きさが等しくなる。

つり合っている2力の関係

①一直線上，②逆向き，③大きさ
が等しい。
2力の合力は0になる。

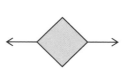

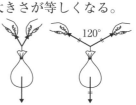

問題演習

1

次の文は，翔太さんが校外学習に行ったときの先生との会話である。次の会語文を読んで，後の問いに答えなさい。〈宮崎県〉

翔太：先生，この橋にはケーブルがたくさん張られていますね。

先生：そうだね。これは，斜張橋という種類の橋で，ケーブルは橋を支えているのですよ。

翔太：ケーブルが引く力の大きさと塔の高さに，何か関係はあるのですか。

先生：関係があるかどうか，学校に帰ったら一緒に調べてみましょうか。

翔太：はい。やってみたいです。

＜実験＞

① 図1のように，物体Aに糸1とばねばかりをとりつけ，手で引いて持ち上げた。物体Aを静止させて，ばねばかりの示す値を読みとった。

② 図2のように，物体Aに糸2，3とばねばかりをとりつけ，手で引いて持ち上げた。物体Aを静止させて，ばねばかりの示す値を読みとった。このとき，角x，yの大きさは常に等しくなるようにした。

(1) 実験の①のとき，物体Aにはたらく重力と，糸1が物体Aを引く力を図示すると図3のようになり，2つの力はつり合っている。次の文は，2つの力がつり合う条件をまとめたものである。 a ， b に入る適切な内容を入れなさい。

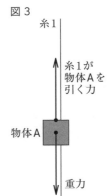

　　2つの力がつり合う条件　・2つの力の a 。

　　　　　　　　　　　　　　・2つの力の b 。

　　　　　　　　　　　　　　・2つの力は同一直線上にある。

　　　　a〔　　　　　　　〕 b〔　　　　　　　〕

よくでる (2) 実験の②のとき，糸2，3が物体Aを引く力は，重力とつり合う力を糸2，3の方向に分解して求めることができる。図4のFは重力とつり合う力を表している。Fを糸2，3の方向に分解した分力をF_2，F_3とするとき，F_2，F_3をそれぞれ図4にかき入れなさい。

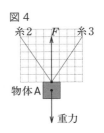

(3) 図4で，Fを糸2, 3の方向に分解した分力F_2, F_3の大きさは，糸2, 3の間の角度を変えると変化する。分力F_2, F_3の大きさが$F_2 = F$, $F_3 = F$となるとき，糸2, 3の間の角度を0°から180°の範囲内で求めなさい。

〔　　　〕

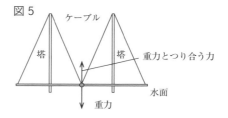 思考力 (4) 翔太さんは，斜張橋のケーブルが引く力について，次のようにまとめた。 ⎡ a ⎤ ， ⎡ b ⎤ に入る適切な言葉の組み合わせを，下のア〜エから1つ選び，記号で答えなさい。

〔まとめ〕図5のように，斜張橋の模式図で考えると，ケーブルに相当するのは，実験の②における糸2, 3である。実験の②で，糸2, 3がそれぞれ物体Aを引く力の大きさを小さくするためには，糸2, 3の間の角度を ⎡ a ⎤ すればよい。このことから，図5の塔の間隔が一定のときには，塔の高さは⎡ b ⎤方が，ケーブルが引く力の大きさは小さくなる。

図5
ケーブル
塔　　　塔　　重力とつり合う力
水面
重力

ア　a：大きく　　b：高い　　　イ　a：大きく　　b：低い
ウ　a：小さく　　b：高い　　　エ　a：小さく　　b：低い

〔　　　〕

2 図1のように水平な床の上に20Nの重力がはたらく平らな板を置き，その上に30Nの重力がはたらく小球を置いた。このとき，下の(1), (2)に答えなさい。

図1 　真横から見た図

〈島根県〉

よくでる (1) 床が板から受けている力は何Nか，求めなさい。

〔　　　〕

(2) 板にはたらく力を図示したものはどれか，最も適当なものを，次のア〜エから一つ選び，記号で答えなさい。

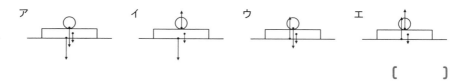

〔　　　〕

3 小球にひも1をつけて天井からつるし，さらにひも2をつけて，図1のようにひも1が重力の方向から45°になるように，水平方向に力を加え小球を静止させた。ひも2から小球にはたらいている水平方向の力を，力の矢印で図2にかきなさい。ただし，図には小球にはたらく重力が矢印でかかれており，小球にはたらく力は小球の中心からはたらくものとする。

〈島根県・改〉

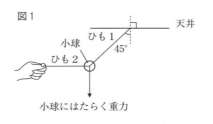
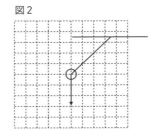

4 ばねにはたらく力の大きさとばねの長さの関係を調べるため，実験を行いました。これに関して，あとの問いに答えなさい。ただし，斜面を使うとき，ばねは斜面に沿ってのみのびたるまないものとします。また，斜面に沿ったばねののびの大きさは，斜面に沿ってばねを引く力の大きさに比例するものとします。糸，ばね，および滑車の質量，糸と滑車との間の摩擦，台車と斜面との間の摩擦，糸ののび縮みは考えないものとし，100gの物体にはたらく重力の大きさを1Nとします。

〈千葉県〉

＜実験＞
　異なる斜面上に置いたおもりをのせた台車を，ばねで引いたときのばねの長さを調べるため，質量200gの同じ2台の台車A，Bと，同じ2本のばねa，bを用意した。

① 図1のように，斜面1上に台車Aを置き，ばねaで斜面に沿って引いて，台車Aが静止したときのばねaの長さを調べ，同様に，斜面2上に台車Bを置き，ばねbで斜面に沿って引いて，台車Bが静止したときのばねbの長さを調べた。このとき，ばねa，bの長さは異なっていた。

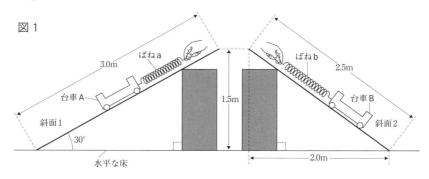

図1

② 台車Aに100gのおもりを1個のせ，台車Aが静止したときのばねaの長さを調べた。台車Aにのせる100gのおもりの個数を2個，3個…としたときのばねaの長さをそれぞれ調べた。

③ ②と同様に，台車Bに100gのおもりを1個，2個，3個…とのせたときのばねbの長さをそれぞれ調べた。すると，台車Aにのせたおもりと，台車Bにのせたおもりが，それぞれある個数のとき，ばねa，bの長さが等しくなることがあった。

よくでる (1) 図2の矢印は，実験の①の斜面1における，台車Aにはたらく重力を示している。重力の斜面に平行な分力を，右の図中に矢印でかきなさい。なお，重力の作用点は，すでに示してある・を使うこと。また，作図の参考のため方眼を示してある。

図2

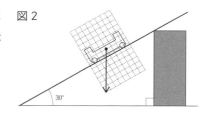

思考力 (2) 実験の③で，ばねa，bの長さが等しくなったのは，台車Aと台車Bにそれぞれおもりを何個のせたときか。最も少ないおもりの個数の組み合わせを書きなさい。

台車A 〔   〕   台車B 〔   〕

6 光による現象

栄光の視点

💡 この単元を最速で伸ばすオキテ

🔁 鏡の反射は，鏡に垂直な直線を基準として考える。

　光の反射の法則… 入射角＝反射角

　鏡の反射による見え方…鏡に対してもとの物体と対象の位置に像が見える。

　乱反射…いろいろな方向から物体を見ることができる。

🔁 光が異なる物質中を進むとき，境界面で屈折する。

<表示>＜空気中から水中へ＞　　＜水中から空気中へ＞　　＜入射角がある大きさより大きくなると＞

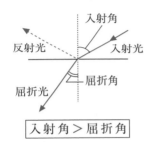

入射角＞屈折角

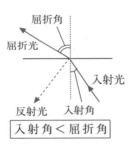

入射角＜屈折角

全反射

📖 覚えておくべきポイント

🔁 **光の屈折によって起こること**

半円形レンズ

…中心を通る光が進む角度が変化する。

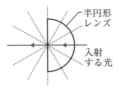
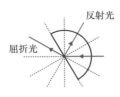

光ファイバー

…入射角を大きくして内部で全反射をくりかえし，光を遠くまで届ける。

浮き上がって見えるコイン

…目とコインが見える位置をつなぐ直線が，屈折光の方向。

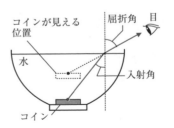

要 点

☑ 凸レンズによる像のでき方

(1) 一点から出た光は，一点に集まる。
（図1）
凸レンズの作図で使う代表的な線は
3本。

図1

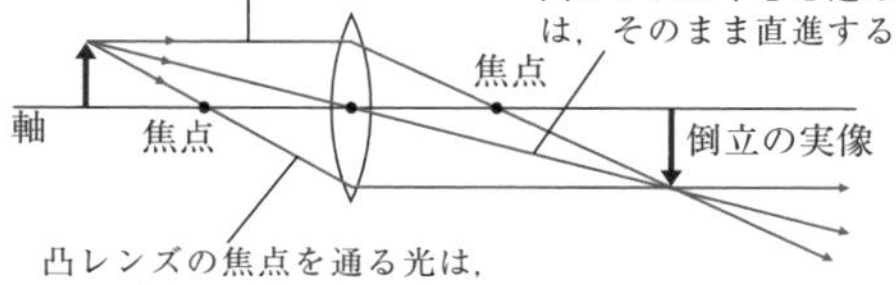

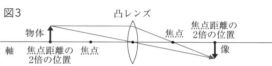

凸レンズの軸に平行な光は，
レンズを通過後焦点を通る。

凸レンズの中心を通る光
は，そのまま直進する。

焦点

軸　焦点

倒立の実像

凸レンズの焦点を通る光は，
レンズを通過後軸に平行になる。

(2) 凸レンズの反対側に倒立実像
スクリーンに光がとどき，像が映る。
物体の位置によって，像の大きさと位置が変わる。

焦点距離の2倍以上（図2）
→実物より小さい像が
焦点と焦点距離の2倍の間
の位置にできる。

図2

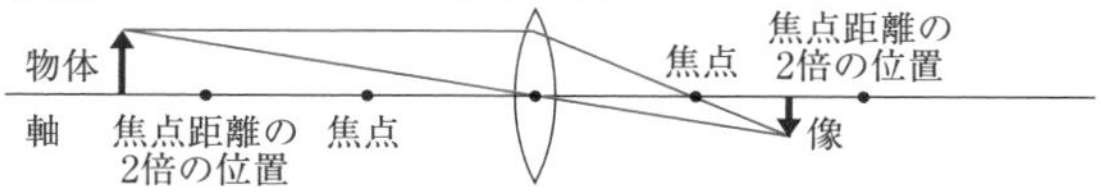

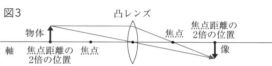

焦点距離の2倍（図3）
→実物と同じ大きさの像が
焦点距離の2倍の位置に
できる。
※焦点距離が特定できる。

図3

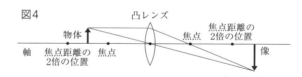

焦点と焦点距離の2倍の間（図4）
→実物より大きい像が
焦点距離の2倍より遠い位置
にできる。

図4

(3) 凸レンズの同じ側に正立虚像（図5）
像は見えるが，光はとどいていない。
（スクリーンを立てても映らない。）
光が進んできた方に物体があるように見える。
実物より大きな虚像が，実物より遠くに見える。

図5

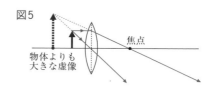

物体よりも
大きな虚像

焦点

(4) 像ができない位置
物体が焦点の位置にあるとき，実像も虚像もできない。

問題演習

1

思考力

図1のように，半円形レンズのうしろ側に ↑ というカードを点線の位置に置き，光の進み方について調べた。図2は，図1を真上から見たときの半円形レンズとカードの位置関係を示したものである。図2の矢印の方向から半円形レンズの高さに目線を合わせてカードを観察すると，↑ というカードはどのように見えるか。最も適するものをあとの1〜4の中から一つ選び，その番号を答えなさい。ただし，カードは半円形レンズと接しているものとする。〈神奈川県〉

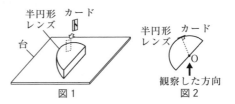

1 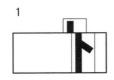　　2 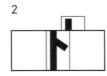　　3 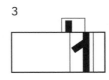　　4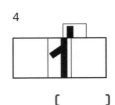

〔　　　〕

2

思考力

右の図のように，太郎さんと花子さんの間には，水を入れたたらいが置いてあり，太郎さんは，花子さんが火のついた線香花火を持っている様子を正面から見ていた。太郎さんには花子さんの持つ線香花火の玉（火がついて球状になった部分）が，たらいの水面に映って見えた。次の文は，太郎さんの

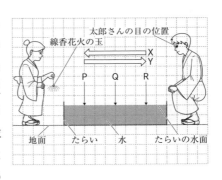

目に届く線香花火の玉から出た光が，図中のたらいの水面で反射する位置について述べようとしたものである。文中の2つの〔　　〕内にあてはまる言葉を⑦〜⑨から一つ，⑤，⑥から一つ，それぞれ選んで，その記号を書け。〈香川県〉

> 太郎さんの目に届く線香花火の玉から出た光は，図中のたらいの水面の〔⑦P　④Q　⑨R〕の位置で反射したものである。また，途中で線香花火の玉が落下すると，太郎さんの目に届く光が水面で反射する位置は図中の〔⑤X　⑥Y〕の向きに動く。

⑦〜⑨〔　　　　　〕　⑤，⑥〔　　　　　〕

3 図1のような凸レンズを固定した装置を使って実験を行なった。あとの問いに答えなさい。〈富山県〉

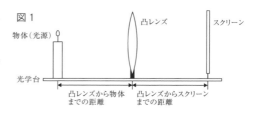

図1

<実験>

㋐ 物体（光源）を焦点より外側の適当な位置に置き，凸レンズから物体までの距離を測定した。

㋑ スクリーンを動かし，スクリーン上にはっきりとした像ができる位置で止めた。

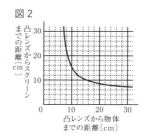

図2

㋒ ㋑のときの凸レンズからスクリーンまでの距離を測定した。

㋓ 物体の位置を変え，㋐～㋒を数回繰り返した。

㋔ 結果をグラフにしたところ図2のようになった。

(1) 図3の位置に物体を置いたとき，①，②について答えなさい。

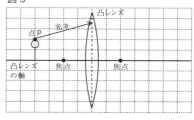

図3

🍎よくでる
① 物体の先端にある点Pの像ができる位置を作図によって求め，・で示しなさい。ただし，像の位置を求めるための補助線は実線（———）として残しておくこと。

② 点Pから出た光aの凸レンズ通過後の光の道すじを破線（-------）でかきなさい。

(2) 図2の結果から凸レンズの焦点距離は何cmか，求めなさい。

〔　　　　〕

(3) スクリーンにはっきりとした像ができたとき，図4のように，厚紙で凸レンズの下半分をおおった。このとき，おおう前と比べて，①像の大きさ，②像の明るさ，③像の形はどうなるか。それぞれについて，最も適切なものをア～ウから1つずつ選び，記号で答えなさい。

図4

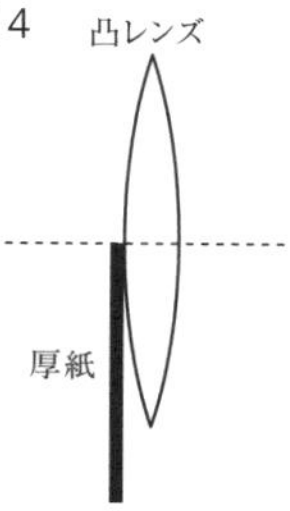

① ア 大きくなる。　イ 変わらない。
　 ウ 小さくなる。

② ア 明るくなる。　イ 変わらない。　ウ 暗くなる。

③ ア 物体の上半分の形になる。　イ 変わらない。
　 ウ 物体の下半分の形になる。

①〔　　　　〕 ②〔　　　　〕 ③〔　　　　〕

🔔 思考力 (4) 図5のように物体が焦点と凸レンズの間にあるとき，物体を凸レンズから遠ざけて焦点の位置まで動かすと，凸レンズを通して見える像はどうなるか。最も適切なものを次のア〜オから1つ選び，記号で答えなさい。

図5

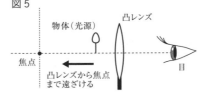

物体（光源）　凸レンズ

焦点

凸レンズから焦点まで遠ざける

目

ア　徐々に大きくなり，焦点の位置で像は一番大きくなる。

イ　徐々に大きくなり，焦点の位置で像はできなくなる。

ウ　徐々に小さくなり，焦点の位置で像は一番小さくなる。

エ　徐々に小さくなり，焦点の位置で像はできなくなる。

オ　像は変化しない。

〔　　　〕

4 光の進み方について，次の問いに答えなさい。　　　〈島根県〉

ハナコさんが，垂直な壁に取り付けられた鏡に自分の姿をうつした。ハナコさんの身長や鏡の大きさと位置は図1のとおりである。

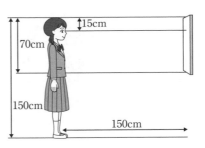

15cm

70cm

150cm

150cm

(1) ハナコさんから見て，鏡にうつる自分の姿として最も適当なものはどれか，次のア〜エから一つ選び，記号で答えなさい。

ア　　　　　イ　　　　　ウ　　　　　エ

〔　　　〕

🔔 思考力 (2) ハナコさんが鏡から100cmの位置まで近づいていくときの，鏡にうつる自分の姿の変化について，最も適当なものはどれか，次のア〜ウから一つ選び記号で答えなさい。

ア　自分の姿の見える部分が増えていく。

イ　自分の姿の見える部分が減っていく。

ウ　自分の姿の見える部分は変わらない。

〔　　　〕

次に，水中の物体の見え方を調べるために，実験を行った。ただし，水槽の壁面で反射する光については考えないものとする。

<実験>

図2のように，透明な水槽の端にコインを置き，水面を黒色の紙で完全に覆う。黒色の紙の一か所に直径1.5cmの穴をあけ，その穴を通して水中のコインが見える位置をさがした。

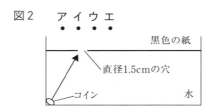

図2

(3) 実験で，穴を通してコインを見ることのできる目の位置として，最も適当なものはどれか，図2の**ア～エ**から一つ選び，記号で答えなさい。

〔　　　　〕

(4) 図3のように，穴の位置を変えると，どこからのぞいても水中のコインは見えなかった。これは，コインからの光が空中に出ることができないために起こっている。この現象を何というか，その名称を答えなさい。

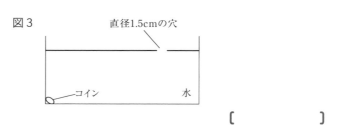

図3

〔　　　　　　　〕

7 エネルギーの移り変わり

栄光の視点

💡 この単元を最速で伸ばすオキテ

🗐 電気エネルギーはいろいろなエネルギーに変換されて利用されている。

→**熱エネルギー**：電熱線（アイロンなど）

→**光エネルギー**：電球，蛍光灯，LED

→**音エネルギー**：スピーカー

→**運動エネルギー**：モーター（扇風機など）

🗐 火力発電のしくみ（図1）

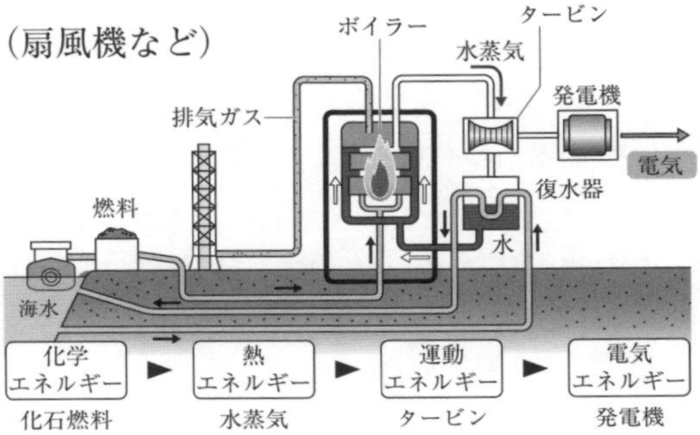

ボイラー　　タービン

水蒸気

発電機

排気ガス　　　　　　　　　復水器　　電気

燃料　　　　　　　　　　　　水

海水

| 化学 エネルギー | ▶ | 熱 エネルギー | ▶ | 運動 エネルギー | ▶ | 電気 エネルギー |
| 化石燃料 | | 水蒸気 | | タービン | | 発電機 |

図1

📖 覚えておくべきポイント

🗐 **エネルギー全体の量は，エネルギーの移り変わりの前後で一定に保たれる**

→「**エネルギーの保存（エネルギー保存の法則）**」

損失したエネルギーは，**熱エネルギー**や**音エネルギー**になど，利用目的以外のエネルギーに，変換されている。

エネルギー変換効率（％）…もとのエネルギーに対する目的のエネルギーの割合。

$$\frac{目的とするエネルギー}{目的とするエネルギー＋利用目的以外のエネルギー} \times 100$$

要 点

☑ **火力発電以外の発電**

(1) **水力発電**…位置エネルギー（ダムの水）→運動エネルギー（タービン）→電気エネルギー

(2) **地熱発電**…熱エネルギー（地熱）→運動エネルギー（タービン）→電気エネルギー

(3) **太陽光発電**…光エネルギー→電気エネルギー

(4) **風力発電**…運動エネルギー→電気エネルギー

(5) **バイオマス発電**

…化学エネルギー（バイオマス）→運動エネルギー（タービン）→電気エネルギー

(6) **燃料電池**…化学エネルギー（水素と酸素の化学反応）→電気エネルギー

☑ **再生可能なエネルギー**…将来にわたって利用できるエネルギー資源

1 右の図で，次のア〜エのエネルギーはどのような順で移り変わったか，移り変わった順に並べかえて記号で書きなさい。〈秋田県〉 　〔　　　→　　　→　　　→　　　〕

よくでる

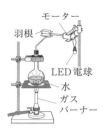

　ア　電気エネルギー　　　イ　化学エネルギー
　ウ　運動エネルギー　　　エ　熱エネルギー

2 ケーブルカーは，普通の鉄道では登ることのできない急な斜面でも登ることができる。ケーブルカーは，急な斜面に設けたレール上を，

図1

方式P

方式Q
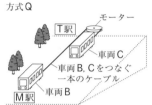

モーターでケーブルを巻き上げることによって運行され，それには，2つの方式が考えられる。図1は，ふもとのM駅と頂上のT駅との間において，2つの方式P，Qで運行されるケーブルカーを模式的に表したものである。これについて，次の問いに答えなさい。〈静岡県〉

(1)　方式Pで，車両Aは，M駅を出発した直後からT駅に到着する直前まで一定の速さで動くものとする。車両Aが一定の速さで動く間において，車両Aのもつエネルギーはどのように変化すると考えられるか。右のア〜エの中から，最も適切なものを1つ選び，記号で答えなさい。

ア
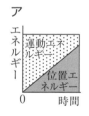

イ

ウ
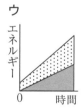

エ
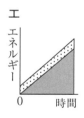

〔　　　〕

差がつく (2)　方式Qのモーターが車両Bを引き上げるときの仕事は，方式Pのモーターが車両Aを引き上げるときの仕事と比べて小さいため，ほとんどのケーブルカーは，方式Qで運行されている。方式Qのモーターが車両Bを引き上げるときの仕事が，方式Pのモーターが車両Aを引き上げるときの仕事と比べて小さいのはなぜか。その理由を，位置エネルギーに着目して，簡単に書きなさい。ただし，車両A〜Cの質量は等しいものとする。

〔　　　　　　　　　　　　　　　　　　　　　　　　　　　　　　　　　〕

思考力 (3) 方式 Q において，モーターに供給された電力を調べることにした。図2は，モーターに供給された電気エネルギーの移り変わりを模式的に表したものである。図3は，方式 Q のモーターが車両 B を引き上げる仕事をしたときの仕事率とモーターの効率（モーターに供給された電気エネルギーに対するモーターが車両 B を引き上げるときにした仕事の割合）との関係を表したものである。ケーブルカーが M 駅と T 駅との間を運行するのにかかる時間は 5 分で，このとき，モーターが車両 B を引き上げるときにした仕事が 54000kJ であるとすると，モーターに供給された電力は何 kW であると考えられるか。図2と図3をもとに，計算して答えなさい。〔　　　　　〕

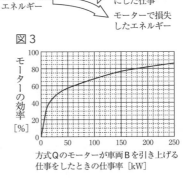

図2
モーターに供給された電気エネルギー

モーターが車両Bを引き上げるときにした仕事

モーターで損失したエネルギー

図3

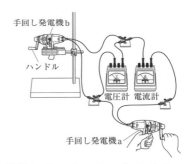

縦軸：モーターの効率［%］
横軸：方式Qのモーターが車両Bを引き上げる仕事をしたときの仕事率［kW］

3 手回し発電機aと手回し発電機bを用いて，右の図のように回路を作り，実験を行った。aのハンドルを，電流の大きさが0.7A になるように速さを調整して 20 回転させると，bのハンドルは 15 回転した。このとき，電圧の大きさは5.0V で，aのハンドルを 20 回転させるのに 10 秒かかった。次に，aとbを入れかえ，同様の実験を行うと，同じ結果になった。このことから，aとbは同じ性能であることが分かった。

〈岐阜県〉

手回し発電機b
ハンドル
電圧計　電流計
手回し発電機a

(1) 実験で，aのハンドルを 20 回転させたとき，aが発電した電気エネルギーの大きさは何Jか。〔　　　　　〕

よくでる (2) 実験で，aのハンドルを回転させた数よりも，bのハンドルが回転した数が少なくなった理由として最も適切なものを，ア～ウから1つ選び，符号で書きなさい。

ア aのハンドルを回転させたときの運動エネルギーと，熱や音などのエネルギーとが，bのハンドルを回転させる運動エネルギーに変換されたから。

イ aのハンドルを回転させたときの運動エネルギーの全てが，bのハンドルを回転させる運動エネルギーに変換されたから。

ウ aのハンドルを回転させたときの運動エネルギーが，bのハンドルを回転させる運動エネルギーだけでなく，熱や音などのエネルギーにも変換されたから。

〔　　　　　〕

4 次の文は，身近な照明器具についてまとめた内容の一部である。下の(1)，(2)に答えなさい。　　　　　　　　　　　　　　　　　　　　　　〈和歌山県〉

　　変換効率とは，もとのエネルギーから目的のエネルギーに変換された割合のことをいい，エネルギーを無駄なく利用する目安となる。私たちが普段用いている①照明器具は，電気エネルギーを光エネルギーに変換する器具であるが，②すべての電気エネルギーを光エネルギーに変換することはできない。

🖋️よくでる　(1)　文中の下線①について，光エネルギーへの変換効率の高い順に，次のア〜ウを並べて，その記号を書きなさい。　　　　　　　〔　　　　　　　　〕

　　　ア　蛍光灯　　　イ　白熱電球　　　ウ　LED電球

(2)　文中の下線②について，電気エネルギーは光エネルギーのほかに，主に何エネルギーに変換されているか，書きなさい。〔　　　　　　　　〕

5 明夫さんと加奈さんは，2011年の世界のおもな国の発電量の割合を表した右のグラフを見て話し合った。(1)〜(3)に答えなさい。　　　　　　　〈岡山県・改〉

「2015データブック オブ・ザ・ワールド」から作成）

明夫さん：①国際宇宙ステーションISSでは安定した電力の供給が可能です。一方，地球上ではいろいろな発電方法によって電力が供給されています。特に，天然ガスや石油などを使った火力発電の割合が高く，資源は有限であることを考えると課題があると思います。

加奈さん：グラフの「新エネルギー」に含まれる，風力，太陽光などの ［あ］ エネルギーは，発電時に二酸化炭素の排出がほとんどありません。最近では②バイオマスも ［あ］ エネルギーとして注目されています。私たちも，ISSのように限りある資源を有効に利用し，将来の世代へとつながる持続可能な社会を目指しましょう。

📢思考力　(1)　下線部①について，ISSに比べて地球上では太陽光発電によって安定した電力を供給することが難しい。その理由を書きなさい。

〔　　　　　　　　　　　　　　　　　　　　　　　　　　　　　〕

✔️必ず得点　(2)　［あ］に当てはまる適当な語句を漢字四字で書きなさい。

　　　　　　　　　　　　　　　　　　　　　　　　　〔　　　　　　　　〕

(3)　下線部②について，次の文章の ［い］ に当てはまる適当な語句を書きなさい。

　　バイオマスとは木片，間伐材などのことである。バイオマスは，もともと植物が太陽光を利用して ［い］ を行うときに二酸化炭素を取り入れてできたものなので，バイオマスを燃焼させて二酸化炭素が発生しても，大気中の二酸化炭素は増加しないと考えることができる。

〔　　　　　　　　〕

8 電流と磁界

栄光の視点

 この単元を最速で伸ばすオキテ

▷ **磁界には向きがある。**

　磁界（磁場）…磁力がはたらく空間。

　磁力線…磁界のようすを表した線。

　磁石による磁界…N極から出てS極へ入る。（図1）

　電流による磁界…導線のまわり（図2），**コイルのまわり**（図3）

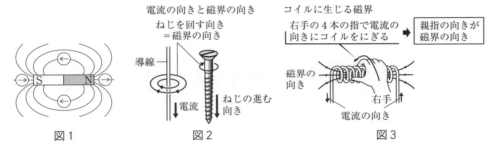

図1　　　　　図2　　　　　図3

▷ **磁力は，磁界に磁石や鉄などを置くと発生する力。**

　磁界・電流・力の向きは，**フレミングの左手の法則**に
　あてはまる。（図4，図5）

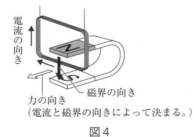
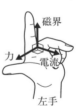

図4　　　　　　　　　図5

中指，人指し指，親指の順に，
電・磁・力と覚えるとよい。

▷ **電磁誘導**による電流（**誘導電流**）は，コイル内部の磁界が**変化しているときにだ
け発生する。**

　誘導電流は，磁界の変化をさまたげる向きに生じる。（図6）

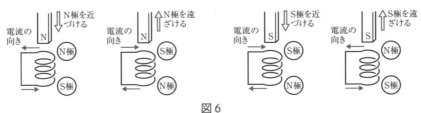

図6

⇨ モーターは,「電気エネルギー→力学的エネルギー」の変換

モーターは,磁界の中のコイルにはたらく力を利用している（図7）。

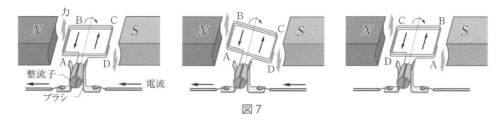

図7

⇨ 手回し発電機は,「力学的エネルギー→電気エネルギー」の変換

モーターの中のコイルを回転させることで誘導電流を得る。

力学的エネルギーは,電気エネルギーの他に,音エネルギーや熱エネルギーにも変換される。

要 点

☑ **検流計の使い方**

微弱な電流を測定できる。そのため,電磁誘導の実験でよく用いられる。

目盛りの中央が0で,右が＋,左が－。

電流が＋端子から入ってきたとき,指針は＋側に振れ,逆の場合は－側に振れる。

☑ **発光ダイオードの特徴**

LED ともよばれる。

決まった方向に電圧をかけたときにだけ光る。

発熱が少なく,エネルギー消費が少ない。

☑ **直流電流と交流電流**

直流電流…＋極と－極がある。乾電池など。

交流電流…＋極と－極が周期的に変化する。1秒あたりの波のくり返しの数が周波数（Hz）。
家庭用コンセントに供給されている。

問題演習

1 電流と電流がつくる磁界の関係と，電流の流れている金属が磁界から受ける力について調べるため，次の実験1〜3を行いました。これに関して，あとの(1)〜(3)の問いに答えなさい。〈千葉県〉

<実験1>

① 図1のように，スイッチを切った状態で，穴を開けた厚紙に，エナメル線を垂直に通してコイルをつくり，Pの位置に方位磁針pを置き固定した。

② スイッチを入れ，図1に示す矢印の方向に電流を流したところ，厚紙を真上から見ると方位磁針の針の向きが図2のようになった。

③ スイッチを切り，図3のように，厚紙の上のA，B，Cの位置に，それぞれ方位磁針a，b，cを置き固定した。その後，再びスイッチを入れ，それぞれの方位磁針の針の向きを調べた。

図1

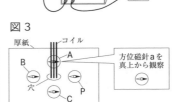

<実験2>

図4のように，コイル，U字型磁石を用いて装置をつくった。スイッチを入れ，電流を流したところ，コイルは矢印（←）で示した方向に動いて止まった。

図2 図3

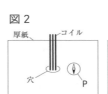

<実験3>

図5のように，金属レール，アルミニウム製のパイプ，U字型磁石を用いて装置をつくった。スイッチを入れ，電流を流したところ，アルミニウム製のパイプは，U字型磁石の向きと導線のつなぎ方によって，X側やY側に動いた。

図4

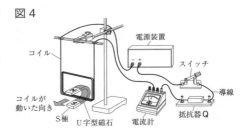

図5

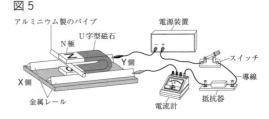

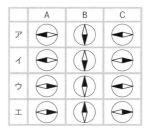

よくでる (1) 実験1の③で，再びスイッチを入れたとき，図3のA～Cの位置に置いた方位磁針a～cの針の向きの組み合わせとして最も適当なものを，右のア～エのうちから一つ選び，その符号を書きなさい。　　　　　　[　　　]

＋差がつく (2) 実験2で用いた抵抗器Qと，抵抗の大きさが等しい抵抗器Rを1個用意した。図4の装置で，電源装置の電圧を変えずに，抵抗器Rを抵抗器Qと並列につなぎ，スイッチを入れ，電流を流したところ，コイルは矢印で示した方向に実験2のときよりも大きく動いて止まった。コイルが大きく動いたのはなぜか，その理由を簡潔に書きなさい。

[　　　　　　　　　　　　　　　　　　　　　　　　　　　　　　　]

思考力 (3) 実験3において，実験2の結果から，アルミニウム製のパイプがY側に動くのは，U字型磁石の向きと導線のつなぎ方をどのようにしたときか。次のア～エのうちからすべて選び，その符号を書きなさい。

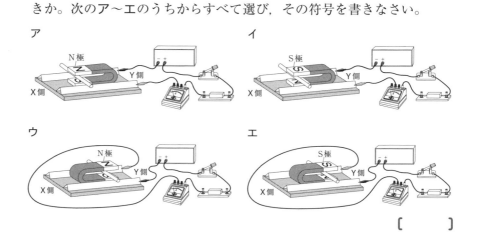

　　　　　　　　　　　　　　　　　　　　　　　　　[　　　]

2 次の実験について，(1)～(4)の問いに答えなさい。ただし，摩擦や空気の抵抗は考えないものとし，糸はのび縮みしないものとする。

〈福島県・改〉

<実験1>

　図1のように，コイルと電熱線，検流計，スイッチを用いて回路をつくり，磁石に糸を取り付けて，磁石のS極がコイルの中心の真上となるようにスタンドを固定した。糸がたるまないように磁石をある高さまで持ち上げてはなしたところ，磁石はコイルの真上を通過し，ふりこのように運動した。検流計の針は，磁石がコイルに近づいてくるとき，

図1

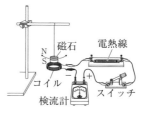

0の位置から＋極側にふれ，回路にa電流が流れたことが確認できた。また，bしだいに磁石のふれは小さくなっていった。

＜実験2＞

I　実験1と同じ回路をつくり，図2のように，薄いプラスチック板でできた斜面の裏にコイルを取り付けた。斜面の最も高い位置にN極を上面にして磁石を静止させ，静かに手をはなし，点線にそって斜面をすべらせた。コイルの真上を通過していったとき，回路に電流が流れた。ただし，検流計の針ははじめ0の位置をさしていた。

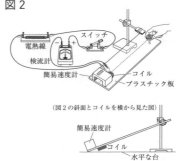

図2

（図2の斜面とコイルを横から見た図）

II　図2の装置で，Iと同様に磁石を静止させ，スイッチを切って磁石をすべらせたときと，スイッチを入れて磁石をすべらせたときの，コイルを通過した直後の速さを簡易速度計を用いて調べた。

よくでる (1)　下線部aについて，このとき流れた電流は，コイル内部の磁界が変化し，その変化にともない流れたものである。このような電流を何というか，書きなさい。　　　　　　　　　　　　　　　　〔　　　　　　　　〕

(2)　下線部bについて，しだいにふれが小さくなっていったのはなぜか。エネルギーの移り変わりに着目し，「力学的エネルギーが，」という書き出しに続けて書きなさい。

〔力学的エネルギーが，　　　　　　　　　　　　　　　　　　　　　〕

(3)　実験2のIについて，磁石がコイルの真上を通過していったときの検流計の針のふれとして正しいものを，次のア〜オの中から1つ選びなさい。

ア　＋極側にふれ，0の位置に戻り，そのまま静止し続けた。

イ　−極側にふれ，0の位置に戻り，そのまま静止し続けた。

ウ　＋極側にふれ，0の位置を通過し，−極側にふれて0の位置に戻った。

エ　−極側にふれ，0の位置を通過し，＋極側にふれて0の位置に戻った。

オ　ふれなかった。　　　　　　　　　　　　　　　　　　〔　　　　　〕

思考力 (4)　実験2について，磁石がコイルを通過した直後の速さを，スイッチを切ったときv_1，入れたときをv_2として比べると，これらの関係はどのようになるか。次のア〜ウの中から1つ選びなさい。

ア　$v_1 > v_2$　　イ　$v_1 < v_2$　　ウ　$v_1 = v_2$　　　〔　　　　　〕

9 音による現象

栄光の視点

この単元を最速で伸ばすオキテ

▷ 音の高さは**振動数**で決まる。

振動数…1秒間に振動する回数。単位は Hz（ヘルツ）。

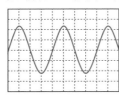 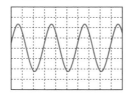 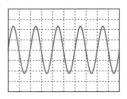

少ない（低い音）←――――――― 振動数 ―――――――→ 多い（高い音）

▷ 音の大きさは**振幅**で決まる。

音の大きさ…振幅が大きいほど大きい音。

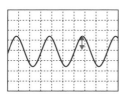 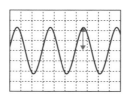 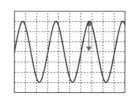

小さい ←――――――― 振　幅 ―――――――→ 大きい

▷ 光の速さは音の伝わる速さに比べてはるかに速い。

光の速さ…約30万 km/s

音の伝わる速さ…空気中で約 340m/s（気温約 15℃）

花火が見えてから音が聞こえるまでの時間（t）がわかれば，花火までの距離がわかる。

花火までの距離［m］= 340［m/s］× t［s］

覚えておくべきポイント

▷ **モノコードの音の高さを決める要素は3つ（図1）**

弦の長さ…はじく部分の長さ。

　　　　　長いほど低い音になる。

弦の太さ…太いほど低い音になる。

弦の張り方…弦を引く力（おもりの数など）

　　　　　　が大きいほど，高い音になる。

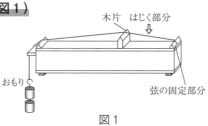

木片　はじく部分

おもり

弦の固定部分

図1

音の速さの計算のしかた

$$音の速さ [m/s] = \frac{音が伝わる距離 [m]}{音が伝わる時間 [s]}$$

伝わる速さが速い順に，固体＞液体＞気体

 先輩たちのドボン

振幅がどこだったか，いつも迷ってしまう

振幅は，山の高さであり，谷の低さでもある。

基準の位置からの振れ幅が振幅（図2）。

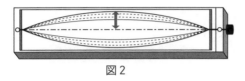

図2

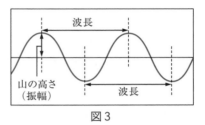

図3

オシロスコープでも確認しておこう（図3）。

要 点

☑ 音を伝えるもの

音源（発音体）…振動して音を出すもの。

音源から耳の鼓膜まで音がとどくには，振動を伝える物質が必要。

※光は，伝えるものがなくてもとどく。

☑ 音さの振動（図4）

大きな音さほど，低い音が出る。

強くたたくと，大きな音が出る。

共鳴…音が空気を伝わることで起きる。

同じ高さの音さを2つ並べ，一方を鳴らすと，もう
一方も鳴り始める。たたいた音さをとめても，共鳴
した音さは鳴り続ける。

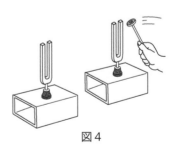

図4

☑ オシロスコープの読み取り方（図5）

横軸に時間，縦軸に振動の動きを記録することができる。

振動数…一定目盛に見られる波の数で比較する。

振動数＝一定目盛あたりの波の数÷一定目盛の時間

右の図の場合

$1 \div 0.004 = 250 [Hz]$

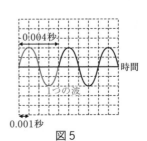

図5

1 太郎さんは，音について調べるために，次の実験を行った。　〈山梨県〉

よくでる

<実験>

　　右の図のように，容器の中に音の出ている
ブザーを糸でつるし，容器内の空気を抜いて
いくとブザーの音が聞こえにくくなった。
　　次の文は，＜実験＞でブザーの音が聞こえに
くくなった理由を述べたものである。「音」と
いう語句を使って□□□に入る適当な言葉を書きなさい。

糸
音の出ている
ブザー
容器内の空気を
抜いていく

理由：容器内の空気を抜くことによって〔　　　　　　　　　　　　　〕か
ら。

〔　　　　　　　　　　　　　　　　　　　　　　　　　　　　　　　　　〕

2 音の性質を調べる実験を行なった。あとの問いに答えなさい。　〈富山県〉

<実験>

　　㋐　図1のように弦の一端をモノコードの右端に結びつけ，もう一端に
　　　おもりをつけて弦を張った。
　　㋑　モノコードの中央に木片を入れ，木片の右側の弦を指ではじいた。
　　㋒　マイクロホンを使って音をコンピュータに入力したところ，図2の
　　　ように表示された。

図1

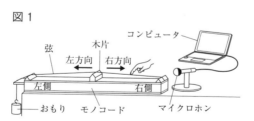

弦　木片
コンピュータ
左方向　右方向
左側　　　右側
おもり　モノコード　マイクロホン

図2

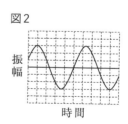

振幅
時間

(1)　次の文は，弦を指ではじいてから，音がマイクロホンで電気信号に変
　　換されるまでの流れを説明したものである。空欄（　X　），（　Y　）
　　に適切なことばを書きなさい。

> 　　弦の（　X　）が（　Y　）に伝わり，（　Y　）の（　X　）がマイ
> クロホンで電気信号に変換される。

X〔　　　　〕　Y〔　　　　〕

✎よくでる (2) 木片の位置と弦をはじく強さを変えたところ，図3のように表示された。木片の移動方向，弦をはじく強さについて適切な組み合わせを表のア～エから1つ選び，記号で答えなさい。ただし，目盛りは，図2と同じである。　　　　　　　　　　　　　　　　　　　　　　　　　〔　　　〕

図3

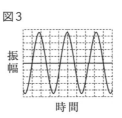

		木片の移動方向	
		左方向	右方向
弦をはじく強さ	強い	ア	イ
	弱い	ウ	エ

🔔思考力 (3) 木片を元の位置にもどし，異なる4種類のおもりを順につけかえて弦をはじいたところ，次のア～エのようにコンピュータに表示された。おもりの質量が大きいものから順に記号で答えなさい。ただし，時間の1目盛はア，イが0.005秒，ウ，エが0.002秒であり，振幅の目盛りはすべて同じである。

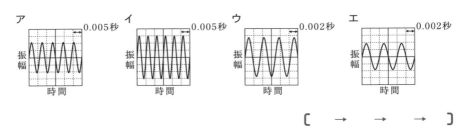

〔　　→　　→　　→　　〕

3　次の問いに答えなさい。　　　　　　　　　　　　　　　　　　〈神奈川県〉

　　　図は，オシロスコープを用いて調べた音さAの音の波形を表したものであり，縦軸は振幅，横軸は時間を表している。音さAと同じ高さの音を出す音さBを音さAの近くに置き，音さAを鳴らした後，音さAに触れて振動を止めた。このときの音さBの音の波形として最も適するものを次の1～4の中から一つ選び，その番号を答えなさい。ただし，1～4の1目盛りの値は図と同じである。　〔　　　〕

図
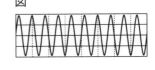

1.
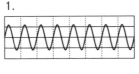

2.
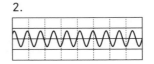

3.
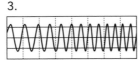

4.
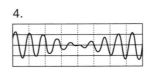

4 音が空気中を伝わる速さを求めるため，大きな音が出る音源とストップウォッチ，強い光を発するライトを用いて次のような実験をした。〈福井県〉

<実験1>

図1のように，AさんはビルAの屋上に，Bさんはライトを持ってビルBの屋上にいる。AさんとBさんの距離は75mである。AさんはビルAから音源を使って大きな音を出し，Bさんはその音が聞こえたときにライトをすばやく点灯する。Aさんは音を出すと同時にストップウォッチをスタートさせ，ライトの光が見え

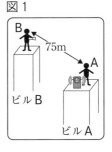

図1

るまでの時間を計測した。このような方法で，計測された時間から音の速さを求めた。ところが，先生から次のような指摘を受けた。

光が届く時間はとても短いから無視できるけど，このやり方では，Bさんが音を聞いてからライトが点灯するまでの時間と，Aさんが（　　）の時間が含まれているので，音の速さを正確に求めることができないよ。

そこで，Aさんは実験方法を改め，実験2を行った。

<実験2>

図2のように，実験1のBさんに加えて，Cさんもライトを持ってビルCの屋上にいる。AさんとCさんの距離は522mである。BさんとCさんはそれぞれ，Aさんが出した音が聞こえたときにライトをすばやく点灯する。Aさんはストップウォッチを使って，Bさんのライトの光が見えてから，

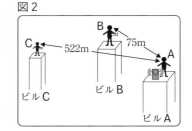

図2

	1回目	2回目	3回目	4回目	5回目
	1.31秒	1.30秒	1.30秒	1.29秒	1.30秒

Cさんのライトの光が見えるまでの時間を計測する。実験は5回行い，結果は表に示すとおりである。ただし，音を聞いてからライトが点灯するまでの時間は，BさんとCさんで同じであるとする。

(1) 先生が指摘した時間はどのような時間か。（　　）に入る言葉を右の形で書け。

〔　　　　　　から　　　　　まで〕

🗣 思考力 (2) 実験2の結果から音が伝わる速さを計算すると何m/sか。小数第1位を四捨五入して，整数で書け。

〔　　　　　〕

10 静電気と電流

栄光の視点

 この単元を最速で伸ばすオキテ

🖐 電流の正体は，電子の流れ。

－（マイナス）極から出た－の電気を帯びた電子は，＋極へ引き寄せられて入る。（図1）

→電流の向きと電子の移動の向きは逆になる。

🖐 静電気は，物質間で電子が移動することで生じる。

移動の結果，電子が少ない方が＋（正）に帯電，電子が多い方が－（負）に帯電したことになる。

＜確かめ方＞

同じ種類に帯電した物質どうしはしりぞけ合い，異なる種類に帯電した物質どうしは引き合う。

🔖 覚えておくべきポイント

🖐 **電子が導線を通ると電流，空間を通ると放電**

空気は本来電気を通さないが，高い電圧をかけると放電が起きる。

→空気が少ない方が，放電が起こりやすくなる。

真空放電…気圧を低くした空間での放電。

陰極線（電子線）…真空放電における電子の流れ。目に見えないが，蛍光板を入れると光って見える。

🖐 **陰極線には直進性がある**

飛び出すのは電子なので，陰極から出るが，陽極からは出ない。

クルックス管…電子がガラス管壁に当たって，蛍光板がなくても黄緑色に光る（図1）。

電子の移動の向き

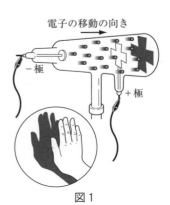

－極

＋極

図1

＜上下の電極板に電源をつなぐと＞（図２）

電子は－の電気を帯びているので，＋側に引きつけられる力を受ける。

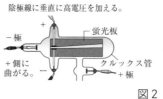
陰極線に垂直に高電圧を加える。

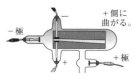

図２

＜放電管に磁石を近づけると＞（図３）

導線内の電流と同じように，磁界から力を受ける。

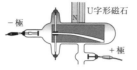
陰極線は磁界から力を受けて曲がる。

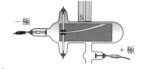

図３

※電子は，力を受けて進む方向が変化したあとも直進する。

⑨ 静電気のや放電の例をおさえる

静電気…紙でよくこすった塩化ビニルのパイプに髪の毛がひかれるなど。

放電…かみなりが例としてわかりやすい。

雨雲の中には，氷の粒がぶつかり合って発生した静電気があり，これがたまると地上との間に大きな電圧がかかった状態になる。雲から飛び出した帯電した粒子は，ぶつかった空気中の原子から電子をはじき出すことをくりかえし，稲妻となる。

問題演習

1 静電気の性質を調べた。次の問いに答えなさい。 〈長野県〉

＜実験＞

① ストローを糸でつるし，アクリルパイプとこすり合わせ，右の図のようにストローにアクリルパイプを近づけると，引き合った。

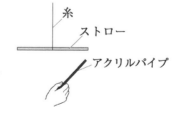

② ストローのかわりに，ポリ塩化ビニルのパイプを糸でつるし，ティッシュペーパーとこすり合わせた。そのポリ塩化ビニルのパイプに，ストローとこすり合わせたアクリルパイプを近づけると，引き合った。

✔必ず得点 (1) 物体が＋や－の電気を帯びた状態を何というか，漢字で書きなさい。

〔　　　　　　　〕

🔔 思考力 (2) ＜実験＞で，ストローとポリ塩化ビニルのパイプが帯びている電気は，同種か異種か，書きなさい。また，そう判断した理由を，簡潔に説明しなさい。

電気〔　　　　〕　理由〔　　　　　　　　　　　　　　　　　　　　　〕

2 右の図のように，真空放電管の電極 A，電極 B に，誘導コイルの＋極，－極をそれぞれつなぎました。誘導コイルの電源を入れて電流を流すと，電極 B の向かい側が発光し，同時に，十字形の金属板のかげが観察されました。次の(1)～(3)の問いに答えなさい。〈宮城県〉

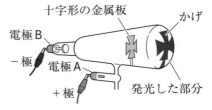

🐟 よくでる (1) 図で観察された現象のように，気圧を低くした空間に電流が流れる現象を利用しているものとして，最も適切なものを，次のア～エから１つ選び，記号で答えなさい。

　ア　電気ストーブ　イ　豆電球　　ウ　蛍光灯　　エ　発光ダイオード

〔　　　　〕

(2) 電極 B の向かい側を発光させた，－の電気を帯びている小さな粒子を何というか，答えなさい。

〔　　　　〕

🔔 思考力 (3) 誘導コイルの電源を切り，真空放電管の電極 A に誘導コイルの－極，電極 B に＋極をつなぎかえてから再び誘導コイルの電源を入れて電流を流しました。このときの電極 B の向かい側を観察した結果はどうなるか，最も適切なものを，次のア～エから１つ選び，記号で答えなさい。

　ア　図のかげと同じものが観察される。
　イ　図のかげが上下反転して観察される。
　ウ　図のかげよりも大きなものが観察される。
　エ　図のかげが観察されなくなる。

〔　　　　〕

3 空間や導線を流れる電流について，次の実験を行った。これらをもとに，以下の各問に答えなさい。〈石川県・改〉

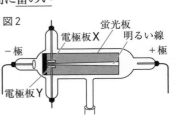

＜実験１＞
　図１のような誘導コイルを使って，電極の間に雷のいなずまのような現象が起こるのを観察した。

＜実験２＞
　蛍光板付きクルックス管に誘導コイルを接続して，図２のように，蛍光板に明るい線ができるのを観察した。

<実験3>

　図3のような回路をつくりスイッチ
を入れたところ，回路には⟹の向き
に電流が流れ，導線PQが➡の向き
に動いた。

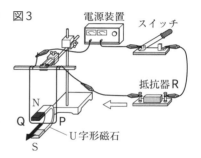

図3

電源装置　スイッチ

抵抗器R

N
Q　P
S
U字形磁石

(1)　実験1について，下線部の現象を何というか，書きなさい。

〔　　　　　　　　　〕

よくでる (2)　実験2で，蛍光板に明るい線をつくったのは，−（マイナス）の電気をもった粒子の流れである。このことを確かめるために，電極板Xを＋極，電極板Yを−極として電圧をかけると，明るい線はどうなるか，次のア〜エから最も適切なものを1つ選び，その符号を書きなさい。

　　ア　上に曲がる　　　イ　下に曲がる
　　ウ　暗くなる　　　　エ　より明るくなる

〔　　　　　〕

(3)　実験3について，図4は，磁石のN極とS極にはさまれた部分を図3のP側から見た模式図である。導線に電流を流したとき，電流によってできる磁界の向きが，磁石によってできる磁界の向きと同じになる点はどこか，図4のア〜エから最も適切なものを1つ選び，その符号を書きなさい。

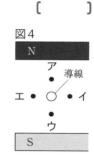

図4

N
ア　導線
エ ● ○ ● イ
● ウ
S

〔　　　　　〕

思考力 (4)　クルックス管の明るい線に1本の棒磁石を近づけたところ，図5のように明るい線が下に曲がった。このとき棒磁石のどちらの極をどの方向から近づけたか，実験3の結果をもとに判断し，1つ書きなさい。ただし，方向については，次のいずれか1つの話句を用いること。

（　手前から　奥から　上から　下から　）

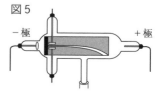

図5

−極　　　　　　　＋極

〔　　　　　　　　　　　　　　　　　〕

PART 2

化学分野

1 物質の成り立ち …………………………… 58
2 水溶液とイオン ……………………………… 63
3 化学変化と物質の質量 ………………… 67
4 いろいろな化学変化 …………………… 72
5 酸・アルカリとイオン …………………… 77
6 いろいろな気体とその性質 ………… 82
7 水溶液の性質 ……………………………… 86
8 物質の状態とその変化 ………………… 90
9 身のまわりの物質とその性質 ……… 92

1 物質の成り立ち

栄光の視点

 この単元を最速で伸ばすオキテ

🗎 原子の記号をしっかり覚えておく。（後半の8つは金属）

水素	炭素	窒素	酸素	硫黄	塩素	ナトリウム	マグネシウム	アルミニウム	バリウム	鉄	銅	亜鉛	銀
H	C	N	O	S	Cl	Na	Mg	Al	Ba	Fe	Cu	Zn	Ag

🗎 化学変化によって何から何に変化したかを確かめるために，反応の前後の物質の性質をしっかりおさえておく。

・酸素は助燃性がある。

・水素は爆発的に燃える。

・二酸化炭素は石灰水を白くにごらせる。

・炭酸水素ナトリウムは水に少し溶けてアルカリ性を示す。

・炭酸ナトリウムは水によく溶け炭酸水素ナトリウムより強いアルカリ性を示す。

・水は塩化コバルト紙を青色から赤（桃）色に変化させる。

・金属はみがくと光り（金属光沢），展性・延性があり，電気を通す。

覚えておくべきポイント

🗎 **化学変化の実験はストーリーとして覚える。すべての操作に理由がある**

・炭酸水素ナトリウムの熱分解…実験器具の組み方（試験管の口を下げる）。二酸化炭素の集め方。火を消すときの注意。

・酸化銀の熱分解…実験器具の組み方。酸素の集め方。

・水の電気分解…うすい水酸化ナトリウム水溶液を使う理由。陽極側に酸素1，陰極側に水素2の体積比で発生。電流を流すときは，密閉しない。

🗎 **化学式をおぼえ，化学変化を化学反応式で正確に書けるようにしておく**

原子の数が左右で同じになる。化学式の前につく係数は発生する体積に関係がある。

$Fe + S \rightarrow FeS$	$CH_4 + O_2 \rightarrow CO_2 + 2H_2O$
$C_3H_8 + 5O_2 \rightarrow 3CO_2 + 4H_2O$	$2NaHCO_3 \rightarrow Na_2CO_3 + CO_2 + H_2O$
$2CuO + C \rightarrow 2Cu + CO_2$	$2Mg + CO_2 \rightarrow 2MgO + C$
$NaHCO_3 + HCl \rightarrow NaCl + H_2O + CO_2$	$H_2SO_4 + BaCl_2 \rightarrow BaSO_4 + 2HCl$
$HCl + NaOH \rightarrow NaCl + H_2O$	$H_2SO_4 + Ba(OH)_2 \rightarrow BaSO_4 + 2H_2O$

先輩たちのドボン

🔄 **実験装置の使い方をよくわからないままにしていた**

　ガスバーナー，電源装置，電気分解装置の使い方。試験管を傾ける理由。火を消す前にするべきこと。気体の集め方は気体の性質で決まる。

🔄 **分子をつくる物質と分子をつくらない物質の違いがあやふや**

　分子をつくらない物質の多くは，金属とその化合物。この場合，化学式の右下の小さな数字は，結びつく原子の数の比を表している。

要点

☑ **炭酸水素ナトリウム（白い固体）の熱分解（図1）**

①試験管Aは口の方を下に傾ける。

　（理由）発生した水が加熱部分に流れ，試験管Aの加熱部分が急に冷やされて割れるのを防ぐため。

②試験管Bには，試験管Aやガラス管，ゴム管にあった空気が押し出されて集まるので，試験管Bに集まった気体は捨てる。

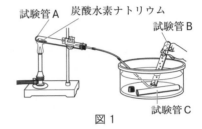

試験管A　炭酸水素ナトリウム
試験管B
試験管C
図1

③あらかじめ水中に沈めてあった試験管Cに，二酸化炭素を集めることができる。石灰水を入れてよくふると，白くにごる。

④試験管Aには，炭酸ナトリウム（白い固体）が残る。

☑ **酸化銀（黒い固体）の熱分解（図2）**

①酸化銀を入れた試験管は口の方を下に傾ける。

②発生した酸素は，水上置換法で集めることができる。

③加熱した試験管には，銀（白色の光沢のある固体）が残る。

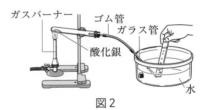

ガスバーナー　ゴム管　ガラス管
酸化銀
水
図2

☑ **水の電気分解（図3）**

（例）簡易電気分解装置の操作手順

①装置上部のゴムせんをして装置をたおし，背面の穴からうすい水酸化ナトリウム水溶液を入れる。

②電極のある前面部分に空気が残らないように装置を立てる。

③電極をつないで電流を流す。気体が集まったら電流をとめる。

※電気分解されるのは水のみで，水酸化ナトリウムはそのまま残る。

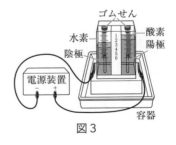

ゴムせん
水素　酸素
陰極　陽極
電源装置
容器
図3

☑ **原子と分子**

　原子…化学変化によって，それ以上分けることができない最小の粒子。すべての物質は，周期表にある原子の組み合わせでできている。

　　　①それ以上小さく分割できない。　②種類によって質量や大きさが決まっている。

　　　③化学変化では，他の原子に変わったり，新しくできたりしない。

　分子…物質の性質を決める最小の粒子。分子によって，原子の結びつき方が決まっている。

　　　単体は1種類，化合物は2種類以上の原子からできている。

問題演習

1 右のメモは，19世紀の科学に関するできごとについて，太郎さんが調べて書いたものの一部である。これについて各問に答えなさい。〈石川県・改〉

Ⅰ．ドルトンが近代的な原子説を提唱した。	Ⅱ．アボガドロが分子の考えを提唱した。

(1) Ⅰについて，次の資料はドルトンの原子説の概要である。これをもとに，次の①，②に答えなさい。

> ・すべての物質は，それ以上分割できない原子という小さな粒子からできている。
> ・同じ種類の原子は大きさや質量が等しいが，違う種類の原子は大きさや質量が異なる。
> ・違う種類の原子が，簡単な整数比で結合して化合物をつくる。
> ・違う種類の原子どうしは，化学変化では結合の仕方が変わるだけで，原子がなくなったり，新しくできたりすることはない。

① 1種類の原子だけでできている物質はどれか，次のア～エから1つ選び，その符号を書きなさい。

ア　アルミニウム　　イ　アンモニア　　ウ　二酸化炭素　　エ　水

[　　　　　]

② 水素と塩素から塩化水素ができるとき，それぞれの体積の間には，1：1：2という関係が成り立つことから，その化学反応のようすとして，太郎さんは（図）のモデルa，bを考えた。それぞれのモデルにおいて，上の資料から考えると矛盾している点を，原子の大きさの違い以外に1つずつ書きなさい。なお，●は水素原子を，○は塩素原子を表している。

モデルa	モデルb
● ＋ ○ → ◖◗ 塩化水素	● ＋ ○ → ●○ ●○ 塩化水素

図

a [　　　　　　　　　　]

b [　　　　　　　　　　]

(2) Ⅱについて，アボガドロはドルトンの原子説を一歩進め，「気体は2個以上の原子が集まった分子でできていて，これらが反応するときには単独の原子に分かれる」という考え方を発表した。この考えを用いて，水素と塩素から塩化水素ができる化学反応を説明するモデルをかきなさい。ただし，水素原子を●，塩素原子を○，塩化水素分子を●○とし，原子の大きさの違いは表現しなくてもよい。

[　　　　　　　　　　　　　　　]

2　次の実験について，下の(1)～(3)に答えなさい。

〈和歌山県・改〉

<実験>

「炭酸水素ナトリウムの性質を調べる」

(i)図のように実験装置を組み立て，炭酸水素ナトリウムをガスバーナーで十分加熱したところ，気体Aが発生し，石灰水は白くにごった。また，試験管中に固体Bが残り，試験管の口の部分には液体Cがたまった。

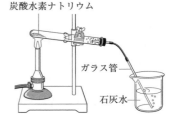

炭酸水素ナトリウム

ガラス管

石灰水

(ii)液体Cに乾燥させた塩化コバルト紙をつけると色が変化した。

(iii)水が5cm³入った試験管を2本用意し，一方には炭酸水素ナトリウムを，もう一方には固体Bを0.5gずつ入れ，溶け方を観察した。その後，フェノールフタレイン溶液をそれぞれの試験管に2滴加え，色の変化を観察した。

	炭酸水素ナトリウム	固体B
水への溶け方	試験管の底に溶け残りがあった。	すべて溶けた。
フェノールフタレイン溶液を加えたときの色の変化	うすい赤色になった。	濃い赤色になった。

(iv)(iii)の結果を表にまとめた。

よくでる　(1)　この実験では，加熱をやめる前に，石灰水からガラス管を引きぬく必要がある。その理由を簡潔に書きなさい。

[　　　　　　　　　　　　　　　　　　　　　　　　　　　　　　　　]

(2)　次の文は，(i)～(iv)でわかったことについてまとめた内容の一部である。文中の①～③について，それぞれア，イのうち適切なものを1つ選んで，その記号を書きなさい。

　(ii)で，塩化コバルト紙の色が① ｛ア 青色から赤（桃）色 イ 赤（桃）色から青色｝へと変化したことから，液体Cは水であることがわかった。

　(iii)では，フェノールフタレイン溶液によって，どちらの水溶液も赤色に変化したことから，この2つの水溶液の性質はどちらも② ｛ア 酸性 イ アルカリ性｝であることがわかった。また，変化した後の赤色の濃さの違いから，②の性質が強いのは，③ ｛ア 炭酸水素ナトリウム　イ 固体B｝が溶けた水溶液であるとわかった。

①〔　　　〕　②〔　　　〕　③〔　　　〕

(3) 炭酸水素ナトリウムは加熱により，気体A，固体B，水に分かれた。このときの化学変化を表す化学反応式を完成させなさい。

〔 $2\,NaHCO_3 \rightarrow$ 〕

---

3 水溶液に電流を流したときの電気分解のようすを調べた実験について，あとの問いに答えなさい。

〈宮城県・改〉

<実験>

　図1のように，簡易型電気分解装置に5％の水酸化ナトリウム水溶液を入れ，電極と電源装置をつないで電流を流したところ，陰極側では水素が発生し，陽極側では酸素が発生した。電流を流し始めてから5分後まで，1分ごとに，発生した水素と酸素の体積をそれぞれ測定し，その結果を図2のグラフに示した。

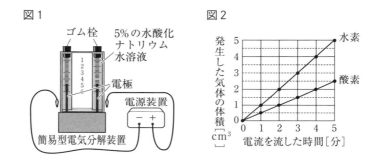

図1

図2

+ 差がつく (1) 実験で，電流を流すことによって，水酸化ナトリウム水溶液の濃度はどのように変化するか，理由とともに述べなさい。

〔   〕

🔊 思考力 (2) 下の表は，水素と酸素の100cm³あたりの質量をまとめたものです。実験では，水素と酸素が発生したことにより，水酸化ナトリウム水溶液が減少しました。水酸化ナトリウム水溶液の質量が3mg減少するのにかかった時間は何分か，求めなさい。

	100cm³あたりの質量〔mg〕
水素	8
酸素	134

〔   〕

2 水溶液とイオン

栄光の視点

この単元を最速で伸ばすオキテ

⊟ 原子は電子を失うと陽イオンに，電子を受け取ると陰
イオンになる。

電気を帯びていない原子は，陽子と電子の数が等しい。
（図1）

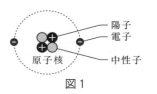

図1

陽 イオン	H^+ 水素イオン	Na^+ ナトリウム イオン	K^+ カリウム イオン	Cu^{2+} 銅イオン	Zn^{2+} 亜鉛イオン	Mg^{2+} マグネシウ ムイオン	NH_4^+ アンモニウ ムイオン	Al^{3+} アルミニウ ムイオン
陰 イオン	Cl^- 塩化物 イオン	OH^- 水酸化物 イオン	SO_4^{2-} 硫酸イオン	NO_3^- 硝酸イオン	CO_3^{2-} 炭酸イオン			

※多原子イオンについては，原子の個数と受けわたした電子の数に注意して覚える。

⊟ 電離とは，電解質が水に溶けて陽イオンと陰イオンに分かれること。

電離して水素イオンや水酸化物イオンに分かれるとき，酸性・アルカリ性を示す。

食塩や硝酸カリウムなどの物質は，電離するが中性を示す。

電解質…水に溶かしたときに電気が流れる物質。

覚えておくべきポイント

⊟ **電解質の水溶液に電圧をかけると，電気分解が始まる**

陰イオンは陽極に引きつけられて，電子を失い，

陽イオンは陰極に引きつけられて，電子を受け取る。

・塩酸（HCl）の電気分解

陽極：$2Cl^- \rightarrow Cl_2 + 2e^-$ …塩素が発生

陰極：$2H^+ + 2e^- \rightarrow H^2$ …水素が発生

・塩化銅（$CuCl_2$）の電気分解（図2）

陽極：$2Cl^- \rightarrow Cl_2 + 2e^-$ …塩素が発生

陰極：$Cu^{2+} + 2e^- \rightarrow Cu$ …銅が付着

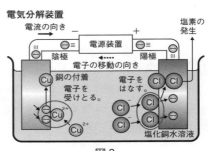

図2

⑸ 電解質の水溶液に2種類の金属板を入れて導線でつなぐと化学電池になる

2種類の金属板のうち，イオンになりやすい方が溶けて−極になり，イオンになりにくい方は＋極になって水素が発生する。

＜イオン化傾向＞イオンになりやすい順番を覚えよう。

$$Na > Mg > Al > Zn > Fe > Cu > Ag$$

→イオン化するときに失った電子が導線を通って移動する

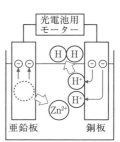

図3

・亜鉛と銅の場合（Zn > Cu）（図3）

亜鉛側：$Zn \rightarrow Zn^{2+} + 2e^-$ ⎫ …イオンになった亜鉛は水に溶ける。

銅側：$2H^+ + 2e^- \rightarrow H_2$ ⎭ …水素が発生

・マグネシウムと銅の場合（Mg > Cu）

マグネシウム側：$Mg \rightarrow Mg^{2+} + 2e^-$ …マグネシウムイオンは水に溶ける。

銅側：$2H^+ + 2e^- \rightarrow H_2$ …水素が発生

・マグネシウムと亜鉛の場合（Mg > Zn）

マグネシウム側：$Mg \rightarrow Mg^{2+} + 2e^-$

亜鉛側：$2H^+ + 2e^- \rightarrow H_2$

要　点

☑ 発生する気体の性質

　水素…物質中で最も軽い。無色・無臭。ほとんど水に溶けない。燃えて水ができる。酸素とまぜて火をつけると爆発的に燃える。

　塩素…空気より重い。黄緑色をしている。刺激臭があり，有毒。水によく溶けて酸性を示す。水溶液は漂白作用や殺菌作用がある。

☑ 金属の共通した性質

　金属光沢…みがくと光る。

　展性…たたくと広がる。

　延性…引っ張るとのびる。

　電気抵抗が小さい…電気をよく通す。

　熱伝導率が高い…熱をよく通す。

☑ いろいろな電池

　一次電池…一度使うと元にもどらない。（例）アルカリ電池，リチウム電池など

　二次電池…くり返し充電して使える。

　　（例）鉛蓄電池，ニッケル水素電池，リチウムイオン電池など

　燃料電池…水素と酸素が化学変化を起こす。水の電気分解の逆の反応。

問題演習

1 うすい塩化銅水溶液に電流を流したときの変化について調べる実験を行った。下の◯◯◯内は，その実験の方法や結果をまとめたものである。〈福岡県〉

図のような装置を組み立て，うすい塩化銅水溶液に十分な電圧を加えると，回路に電流が流れ，陽極から気体が発生した。次に，電源を切り，陽極付近の液をとって，赤インクで色をつけた水に入れると，赤インクの色が消えた。また，陰極に付着した物質をろ紙にとり，乳棒でこすると（　　　）が見られた。

（1）下線部の変化は，陽極から発生した気体がもつ性質によるものである。この性質を何というか。また，陽極から発生した気体の名称を書け。

性質〔　　　　　　　〕　名称〔　　　　　　　〕

よくでる（2）文中の（　　）に入る，金属がもつ共通の性質を書け。

〔　　　　　　　　　〕

（3）塩化銅の，水溶液中での電離のようすを表す式を，イオン式を用いて書け。　　〔　　　　　　　　　〕

必ず得点（4）塩化銅のように，水に溶かしたとき水溶液に電流が流れる物質を，次の1〜4から全て選び，番号で答えよ。　〔　　　　　　〕

1　水酸化ナトリウム　　2　エタノール　　3　塩化水素　　4　砂糖

2 電池について調べるために＜実験＞を行った。次の問いに答えなさい。

〈佐賀県・改〉

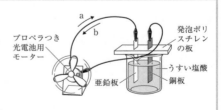

＜実験＞

① ビーカーに入れたうすい塩酸によくみがいた銅板と亜鉛板を入れ，図のようにモーターとつないだところ，モーターは回転を始めた。

② 銅板を見ると，表面に泡がついていることから，気体が発生していることがわかった。

③ しばらくして亜鉛板を取り出したところ，表面がざらついているようすが観察された。

よくでる（1）身のまわりの水溶液の中で，異なる金属板を入れモーターなどをつないでも，電流がとり出せないものを，次のア〜エの中から1つ選び，記号を書きなさい。

ア　レモンの汁　　イ　食塩水　　ウ　食酢　　エ　砂糖水　〔　　　〕

(2) 実験の②で発生した気体は水素であった。水素の性質として最も適当なものを次のア〜エの中から一つ選び，記号を書きなさい。

ア　水によく溶け，刺激臭がある。

イ　水に少し溶け，空気よりも重い。

ウ　水にほとんど溶けず，空気よりも軽い。

エ　水にほとんど溶けず，空気の約20%を占める。

〔　　　　〕

(3) 1個の電子を⊖と表すモデルを用いると，モーターが回っている間の亜鉛板の表面では，次の化学変化が起こっている。（　　）にあてはまるイオンをイオン式で書きなさい。

Zn　→　（　　　　）＋⊖⊖

〔　　　　　　　〕

(4) 次の文は銅板での水素の発生について述べたものである。文中の（　A　），（　B　），（　C　）にあてはまる数値や語句の組み合わせとして最も適当なものを，下のア〜クの中から一つ選び，記号を書きなさい。

銅板の表面では，塩酸中の1個の水素イオンが（　A　）個の電子を（　B　）水素原子になり，水素原子が2個結びついて，水素が発生する。このとき，電子は（　C　）移動している。

	A	B	C
ア	1	受け取って	亜鉛板からモーターを通って銅板へ
イ	1	受け取って	銅板からモーターを通って亜鉛板へ
ウ	1	放出して	亜鉛板からモーターを通って銅板へ
エ	1	放出して	銅板からモーターを通って亜鉛板へ
オ	2	受け取って	亜鉛板からモーターを通って銅板へ
カ	2	受け取って	銅板からモーターを通って亜鉛板へ
キ	2	放出して	亜鉛板からモーターを通って銅板へ
ク	2	放出して	銅板からモーターを通って亜鉛板へ

〔　　　　〕

思考力 (5) モーターが回っている間の，水溶液中の塩化物イオンと亜鉛イオンの数の変化を表したグラフはどのようになるか。最も適当なものを次のア〜エの中から一つ選び，記号を書きなさい。ただしグラフは縦軸にイオンの数，横軸に時間をとり，実線（———）が塩化物イオンを，破線（-------）が亜鉛イオンを表している。

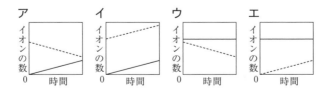

〔　　　　〕

3 化学変化と物質の質量

栄光の視点

💡 この単元を最速で伸ばすオキテ

🗐 **質量保存の法則**は，すべての化学変化にあてはめることができる。

理由：化学変化の前と後では全体の原子の種類と数は変化しないから。

🗐 化学変化におけるそれぞれの**質量の比**は一定になる。

銅：酸素：酸化銅＝4：1：5	マグネシウム：酸素：酸化マグネシウム＝3：2：5
水素：酸素：水＝1：8：9	炭素：酸素：二酸化炭素＝3：8：11
鉄：硫黄：硫化鉄＝7：4：11	銀：酸素：酸化銀＝27：2：29

📖 覚えておくべきポイント

🗐 **沈殿ができる反応**

$$H_2SO_4 + BaCl_2 \rightarrow 2HCl + BaSO_4（沈殿）$$
硫酸　塩化バリウム　　塩化水素　硫酸バリウム

🗐 **気体が発生する反応**

$$NaHCO_3 + HCl \rightarrow NaCl + H_2O + CO_2（気体）$$
炭酸水素ナトリウム　塩化水素　　塩化ナトリウム　　水　　　二酸化炭素

🗐 **金属の燃焼**

鉄の燃焼…空気中でスチールウールに炎を近づけると燃焼する。気体は発生せず酸化鉄（黒色）ができる。熱した部分が炎で赤くなり，その後じょじょに黒くなる。

マグネシウムの燃焼…空気中でマグネシウムに炎を近づけると燃焼する。気体は発生せず酸化マグネシウム（白色）ができる。燃焼するときに，明るく白い光を放つ。

要点

☑ **塩酸と炭酸水素ナトリウムの反応**

完全に反応したかどうかを確認するためには，グラフの折れ目や横ばいになった部分を探すと良い。右のグラフでは，ある濃さの一定量の塩酸に，炭酸水素ナトリウム **1.47g** が過不足なく反応し，二酸化炭素が **0.77g** 発生することがわかる。

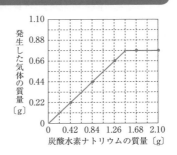

発生した気体の質量〔g〕

炭酸水素ナトリウムの質量〔g〕

問題演習

1 次の実験について，問いに答えなさい。

〈福島県・改〉

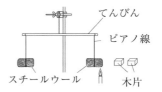

＜実験＞

　　物質が燃焼したときの質量の変化について調べるため，質量の等しいスチールウールと木片を用意して，次のI，IIを行なった。

I　右の図のようにてんびんの左右に，スチールウールをピアノ線でつるしてつり合わせ，片方に火をつけ，てんびんがどちらに傾くかを確認した。スチールウールの燃えた部分は黒色に変化していた。

II　図のてんびんの左右に，木片をピアノ線でつるしてつり合わせ，片方に火をつけ，てんびんがどちらに傾くかを確認した。木片の燃えた部分は黒くなっていた。

よくでる (1)　実験について，次のア〜ウを，質量の小さい順に左から並べて書きなさい。ただし，ピアノ線の質量は，加熱によって変化しないものとする。

　　ア　火をつけなかった方のスチールウール

　　イ　火をつけた方のスチールウール

　　ウ　火をつけた方の木片　　　　　　　　　　　　〔　　　　　　　〕

(2)　実験のIで，スチールウールに火をつけて得られた黒色の物質を，少量試験管にとり，うすい塩酸を加えたとき，起こる反応はどのようになるか。次のア〜ウから1つ選びなさい。

　　ア　無臭の気体が発生した。　　　イ　腐卵臭の気体が発生した。

　　ウ　気体は発生しなかった。　　　　　　　　　　〔　　　　　　　〕

2 マグネシウムを使った実験を行いました。後の問いに答えなさい。〈滋賀県・改〉

＜実験1＞

【方法】

①　図1のように，0.09gのマグネシウムを置いたステンレス板を試験管に入れ，空気で満たした風船をつなげて装置をつくる。

②　図1の装置全体の質量を測定する。

③　図2のように，図1の装置をガスバーナーで十分に加熱する。

④　加熱後に冷ました図1の装置全体の質量を測定する。

図1

図2

【結果】

・加熱すると，マグネシウムが激しく光や熱を出しながら燃えた。

・加熱後，ステンレス板の上に白い物質が残った。

・図１の装置全体の質量を加熱前，加熱後に測定した値は，ともに，50.39g であった。

(1) 実験１で，マグネシウムが酸素と化合することによってできた白い物質は何ですか。物質名と，その物質を表す化学式をそれぞれ書きなさい。

物質名〔　　　　　　　　〕　化学式〔　　　　　　　　〕

 (2) 実験１の下線部について，化学変化の前後で物質全体の質量は変わらないことを示す法則を何といいますか。書きなさい。また，この法則が成り立つ理由を，原子の性質にふれて書きなさい。

法則名〔　　　　　　　　　　〕

理由〔　　　　　　　　　　　　　　　　　〕

＜実験２＞

【方法】

① 試験管にマグネシウムを入れ，図３のように，注射器を用いて塩酸を試験管の中に注入する。

② 発生する水素を水上置換法で集める。

③ マグネシウムがなくなり，水素が発生しなくなってから，発生した水素の体積を測定する。このとき，気体の体積を正しく測定するために，水そうの液面とメスシリンダー内の液面をそろえる。

④ マグネシウムの質量を変えて，同様の実験を行う。

図３

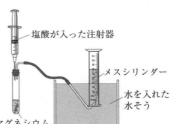
塩酸が入った注射器
メスシリンダー
水を入れた水そう
マグネシウム

【結果】

表は，実験の結果をまとめたものである。

表

マグネシウムの質量(g)	0.02	0.04	0.06	0.08
発生した水素の体積(cm³)	20.0	40.0	60.0	80.0

(3) 実験２で，マグネシウムが塩酸と反応するとき，マグネシウムはどのようなイオンに変化しましたか。下のアからエまでの中から１つ選びなさい。

ア Mg^+　　イ Mg^{2+}　　ウ Mg^-　　エ Mg^{2-}　　〔　　　〕

<実験３＞

【方法】
　実験１の反応後の試験管に残った物質を別の試験管にとり出して，実験２と同様に，塩酸を注入し発生する水素の体積を測定する。

【結果】発生した水素の体積は，24.0cm³ であった。

(4)　実験２，３の結果から，実験１で反応したマグネシウムの質量は何gですか。求めなさい。　　　　　　　　　　　　〔　　　　　　　　〕

🔔思考力　(5)　実験１でマグネシウムの一部が反応しないで残っているかどうかを確かめるためには，反応後の試験管の中に残った物質の質量を調べる方法もある。図４は，マグネシウムが酸素と化合するときの，マグネシウムの質量と化合した酸素の質量の関係を表したグラフである。マグネシウム 0.09g を加熱した場合に，反応後の物質の質量がどのような値になれば，マグネシウムの一部が反応しないで残っていることになりますか。図４から考えて書きなさい。

〔　　　　　　　　〕

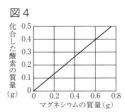
図4

3　次の実験について，下の問いに答えなさい。　　　　〈和歌山県〉

<実験１＞「炭酸水素ナトリウムと塩酸との反応を調べる」

①　図１のように，うすい塩酸 40.0g が入ったビーカーに炭酸水素ナトリウム 1.0g を加え，ガラス棒でかき混ぜ完全に反応させた。次に，発生した二酸化炭素を空気中に逃がしてから，ビーカー内の質量をはかった。

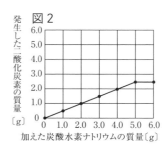
図1

②　うすい塩酸 40.0g を入れたビーカーを５個用意し，それぞれに加える炭酸水素ナトリウムの質量を 2.0g，3.0g，4.0g，5.0g，6.0g と変えて，①と同じ操作を行った。

③　①，②の測定結果を表１にまとめた。

④　表１から，加えた炭酸水素ナトリウムの質量と発生した二酸化炭素の質量の関係を，図２のグラフにまとめた。

表1

加えた炭酸水素ナトリウムの質量(g)	0	1.0	2.0	3.0	4.0	5.0	6.0
ビーカー内の質量(g)	40.0	40.5	41.0	41.5	42.0	42.5	43.5

図2

＜実験２＞「ベーキングパウダーに含まれる炭酸水素ナトリウムの割合を調べる」

① 炭酸水素ナトリウムのかわりに，ホットケーキなどを作るときに使用されるベーキングパウダーを使って，実験1①，②と同じ操作を行った。

② ①の測定結果を表2にまとめた。

表2

加えたベーキングパウダーの質量(g)	0	1.0	2.0	3.0	4.0	5.0	6.0
ビーカー内の質量(g)	40.00	40.85	41.70	42.55	43.40	44.25	45.10

✔必ず得点 (1) 塩酸の性質について述べた文として最も適切なものを，次のア～エの中から１つ選んで，その記号を書きなさい。

ア 赤色リトマス紙を青色に変える。

イ 緑色のBTB溶液を青色に変える。

ウ 水分を蒸発させると，白い固体が残る。

エ マグネシウムと反応して，気体が生じる。

〔　　　　〕

🔔思考力 (2) 実験1について考察した文として正しいものを，次のア～エの中から２つ選んで，その記号を書きなさい。

ア 加える炭酸水素ナトリウム6.0gをすべて反応させるためには，同じ濃度のうすい塩酸が48.0g必要である。

イ 炭酸水素ナトリウムを5.0g以上加えたときに，はじめてビーカー内の水溶液に塩化ナトリウムが生じはじめる。

ウ 発生した二酸化炭素の質量は，加えた炭酸水素ナトリウムの質量に常に比例する。

エ 図２のグラフで，発生した二酸化炭素の質量が変わらなくなったとき，ビーカー内の塩酸はすべて反応している。

〔　　　〕〔　　　〕

🔔思考力 (3) 表１と表２より，加えたベーキングパウダーに含まれる炭酸水素ナトリウムの割合は何％か，書きなさい。ただし，使用するベーキングパウダーは，炭酸水素ナトリウムと塩酸の反応においてのみ気体が発生するものとする。

〔　　　　　　〕

4 いろいろな化学変化

栄光の視点

💡 この単元を最速で伸ばすオキテ

- 化学変化は，規則にしたがって原子と原子が結びついたり離れたりして，別の新しい物質ができる現象。

  分解…1種類の物質が2種類以上の別の物質に分かれる化学変化。

  （例）$2Ag_2O \rightarrow 4Ag + O_2$
  　　　酸化銀　　銀　酸素

  > 酸化銀：黒色。電気を通さない。
  > 銀：白色の光沢，金属光沢がある。電気をとてもよく通す。

  化合…2種類以上の物質が結びついて別の新しい物質ができる化学変化。化合によってできた物質を化合物という。

  （例）$Fe + S \rightarrow FeS$
  　　　鉄　硫黄　硫化鉄（化合物）

  > 鉄：磁石につく。塩酸にとけて水素が発生。
  > 塩化鉄：磁石につかない。塩酸にとけて硫化水素が発生。

📖 覚えておくべきポイント

- **酸化は，物質が酸素と化合して酸化物になる化学変化**

  $2H_2 + O_2 \rightarrow 2H_2O$　　　　　$C + O_2 \rightarrow CO_2$
  水素　酸素　水　　　　　　　炭素　酸素　二酸化炭素

  - 燃焼…物質が光や多量の熱を出しながら激しく酸化すること。
  - 水素と炭素を含む有機物（化石燃料や炭水化物など）が燃焼すると，水と二酸化炭素ができる。

- **還元は酸化物が酸素をうばわれる化学変化。還元と同時に酸化が起こる**

  $2CuO + C \rightarrow 2Cu + CO_2$
  酸化銅　炭素　　銅　二酸化炭素

  > 酸化銅：還元されて銅になる。
  > 炭素：酸化されて二酸化炭素になる。

  $CuO + H_2 \rightarrow Cu + H_2O$
  酸化銅　水素　　銅　　水

  > 酸化銅：還元されて銅になる。
  > 水素：酸化されて水になる。

要点

☑ 発熱反応と吸熱反応（化学エネルギー ⟷ 熱エネルギー）

- 発熱反応…化学変化が起こるときに，熱を発生するため，温度が上がる反応。
  酸化（燃焼，呼吸），中和反応など。鉄と硫黄との化合では発熱した熱でさらに反応が進む。
- 吸熱反応…化学変化が起こるときに，熱を吸収するため，温度が下がる反応。

☑ 化合と質量

化合前の物質と化合後の化合物とでは，化合物の方が質量が大きい。

問題演習

1 次の実験について，次の問いに答えなさい。　　　　　　　　〈長野県〉

＜実験＞

① 右の図のような装置を組み，試験管 A
に酸化銅の黒色粉末 4.0g を入れた。A を
加熱したところ，ガラス管の先から少量の
気体が出たがすぐに止まり，酸化銅と石灰
水には変化がみられなかった。

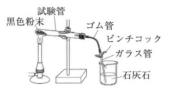
試験管
黒色粉末　試験管
ゴム管
ピンチコック
ガラス管
石灰石

② 石灰水からガラス管をとり出し，加熱をやめてピンチコックでゴム管
をとめた。加熱した試験管が冷めた後，試験管内に残った固体の質量を
測定し，固体を観察した。

③ 試験管 B 〜 F に，それぞれ酸化銅の黒色粉末 4.0g と，異なる質量の
炭素の黒色粉末とをよく混ぜ合わせて入れた。B 〜 F を①と同様の装置
で加熱したところ，ガラス管の先から盛んに気体が出て，石灰水は白く
にごった。反応後，②

と同様の操作をした。

④ ①〜③の結果を表
にまとめた。

	A	B	C	D	E	F
混ぜ合わせた炭素の質量(g)	0.0	0.1	0.2	0.3	0.4	0.5
試験管内に残った固体の質量(g)	4.0	3.7	3.5	3.2	3.3	3.1
試験管内に残った固体のようす	黒色粉末のみ	赤色粉末と黒色粉末	赤色粉末と黒色粉末	赤色粉末のみ	赤色粉末と黒色粉末	赤色粉末と黒色粉末

✔必ず得点 (1) 酸化物が，酸素をうばわれる化学変化を何というか，書きなさい。

〔　　　　　　　　〕

(2) 酸化銅と炭素を混ぜ合わせて過不足なく反応させて純粋な銅をとり出
したい。その場合の酸化銅の質量と炭素の質量の比を表をもとに求め，
最も簡単な整数で表しなさい。　　　　　　〔　　　　　　　　〕

(3) C，E 内に残った黒色粉末はそれぞれ何か。最も適切なものを次のア
〜ウから 1 つずつ選び，記号を書きなさい。

ア　酸化銅　　イ　炭素　　ウ　酸化銅と炭素の混合物

C〔　　　〕E〔　　　　　　〕

🔔思考力 (4) 酸化銅 6.4g と炭素 0.6g とを混ぜ合わせ，実験の③と同様に実験を行っ
たところ，反応後に赤色粉末と黒色粉末が残っていた。残った固体に酸
化銅または炭素のどちらかを加えて混ぜ合わせ，もう一度加熱すること
で試験管内に銅のみを残したい。酸化銅と炭素のうち，どちらの物質を
何 g 混ぜ合わせて加熱すればよいか。物質名を書き，その質量を小数
第 1 位まで求めなさい。

〔　　　　　　　　〕を〔　　　　　　　　〕g

2 鉄と硫黄の化学変化について調べた実験について，あとの問いに答えなさい。

〈宮城県・改〉

<実験>
Ⅰ　鉄粉 3.50g と硫黄の粉末 2.00g を電子てんびんではかりとり，よく混ぜ合わせて試験管 A に入れた。

Ⅱ　図のように，試験管 A を脱脂綿でゆるく栓をして，ガスバーナーで加熱した。混ぜ合わせた粉末の一部が赤くなったところですぐに加熱をやめた。加熱をやめた後も激しく熱と光を出して反応が進み，鉄と硫黄が過不足なく反応して硫化鉄が 5.50g 生じた。

Ⅲ　試験管 A を十分に冷やした後，反応で生じた硫化鉄を少量とり出し，試験管 B に入れた。

Ⅳ　新たに鉄粉 3.50g と硫黄の粉末 2.00g を電子てんびんではかりとり，よく混ぜ合わせてから，その一部を少量とり，試験管 C に入れた。

Ⅴ　こまごめピペットを使ってうすい塩酸をとり，試験管 B と試験管 C に数滴ずつ加えると，どちらの試験管からも気体が発生した。このとき発生した気体の色とにおいを調べた。

図

脱脂綿
試験管 A
ガスバーナー

(1) Ⅱで，鉄と硫黄が反応して硫化鉄が生じた化学変化を，化学反応式で表しなさい。　〔　　　　　　　　　　　　　　　　〕

よくでる
(2) 表は，Ⅴで調べた結果をまとめたものです。表の ① ～ ③ のそれぞれに入る最も適切なものを，次のア～カから1つずつ選び，記号で答えなさい。

	色	におい
試験管Bから発生した気体	①	②
試験管Cから発生した気体	無色	③

ア　無色　　イ　黄緑色　　ウ　赤色　　エ　無臭　　オ　腐卵臭
カ　甘いにおい

①〔　　　〕②〔　　　〕③〔　　　〕

思考力
(3) 実験と同じ装置を用いて，銅粉 0.40g と硫黄の粉末 0.20g をよく混ぜ合わせてからガスバーナーで加熱したところ，銅と硫黄が過不足なく反応して硫化銅が 0.60g 生じました。新たに銅粉 1.50g と硫黄の粉末 0.80g をとり，よく混ぜ合わせてから試験管に入れます。さらに鉄粉 1.50g と硫黄の粉末 0.80g をとり，よく混ぜ合わせてから別の試験管に入れます。それぞれの試験管を加熱し，どちらも金属か硫黄のいずれか一方の物質を完全に反応させるとき，生じる硫化鉄と硫化銅の質量は，どちらの方が何 g 大きいと考えられるか，答えなさい。

〔　　　　　　　〕が〔　　　　　　　〕g 大きい。

3 陽子さんは，理科の授業で銅と酸素を反応させる実験を行った。次は，そのときの実験1のレポートの一部である。あとの問に答えなさい。 〈岡山県・改〉

図1

【実験1】
　図1のように，銅粉末をはかりとって強火でしっかりと加熱し，加熱後の物質の質量を測定した。これを銅粉末の質量を変えてくり返した。
＜目的＞銅と酸素が反応するときの質量の関係を確かめる。
＜結果＞

反応前の銅粉末の質量(g)	0.50	1.00	1.50	2.00
反応後の物質の質量(g)	0.59	1.18	1.77	2.37

＜考察＞実験結果のグラフから，(a)反応前の銅粉末の質量と反応した酸素の質量の間には比例関係があることがわかった。銅粉末がすべて酸化銅（CuO）に変化すると，反応前の銅粉末の質量と加熱後の物質の質量との比は4：5になるが，(b)実験で得られた加熱後の物質の質量は，この比から予想されるものと比べて小さかった。この理由には，銅粉末が完全に反応しきっていないことが考えられる。

(1)　2種類以上の物質が結びついて，別の物質ができる化学変化を何といいますか。 〔　　　　　　〕

(2)　下線部(a)について，【実験1】の結果から得られるグラフを，下の方眼にかきなさい。

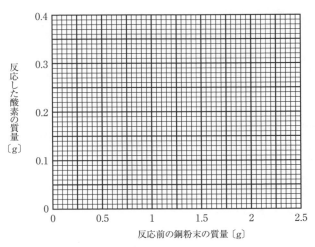

(3)　下線部(b)について，加熱後の物質が，生じた酸化銅（CuO）と未反応の銅粉末（Cu）のみだとすると，反応前の銅粉末の質量が2.00gのときでは，未反応の銅粉末の質量は何gですか。 〔　　　　　　〕

陽子さんは，酸化鉄を含む鉄鉱石を，コークス（炭素）とともに加熱し，鉄を得ていることを知った。このように，酸素と結びつきが強く，加熱しただけでは酸素をとり除くことが難しい物質については，より酸素と結びつきやすい物質と反応させることで，酸素をとり除くことができる。そこで，銀，銅，マグネシウム，炭素について，酸素との結びつきやすさを比較するため，実験2〜実験5を行った。

【実験2】
　酸化銀（Ag_2O）と酸化銅（CuO）を，それぞれ試験管の中で加熱した。
＜結果＞酸化銀からは気体が発生し，銀を生じた。酸化銅は反応しなかった。

【実験3】
　【実験2】では反応しなかった酸化銅を，図2のように炭素粉末とともに加熱し，(c)気体が発生してしばらくしてから，試験管Bに気体を集めた。

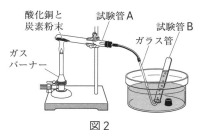

図2

＜結果＞試験管Aの中に銅を生じた。また，試験管Bの中の気体は二酸化炭素であった。

【実験4】
　マグネシウムリボンを二酸化炭素中で燃焼させた。
＜結果＞マグネシウムリボンは激しく反応し，酸化マグネシウム（MgO）と炭素を生じた。

【実験5】
　マグネシウム粉末と銀粉末を，それぞれ空気中で加熱した。
＜結果＞マグネシウム粉末は激しく反応し，酸化マグネシウムを生じた。銀粉末は反応しなかった。

よくでる (4) 【実験2】について，酸化銀を加熱したときの反応を表した右の化学反応式を完成させなさい。

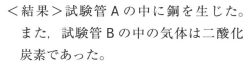

$2Ag_2O \rightarrow \boxed{} + \boxed{}$

差がつく (5) 下線部(c)について，ガラス管からはじめに出てくる気体を集めない理由を説明しなさい。

〔　　　　　　　　　　　　　　　　　　　　　　　　　　〕

思考力 (6) 【実験2】〜【実験5】の結果から，次のア〜エを酸素と結びつきやすい順に並べ，記号で答えなさい。

　　ア　銀　　イ　銅　　ウ　マグネシウム　　エ　炭素

〔　　　→　　　→　　　→　　　〕

5 酸・アルカリとイオン

栄光の視点

この単元を最速で伸ばすオキテ

☞中性の水溶液は，酸性でもアルカリ性でもない水溶液のことである。

	酸　性	中　性	アルカリ性
pH(ピーエイチ)	7より小さい	7	7より大きい
関係のあるイオン	H^+	-	OH^-
リトマス紙	青色→赤色	変化なし	赤色→青色
BTB溶液	黄色	緑色	青色
フェノールフタレイン溶液	無色	無色	赤色
マグネシウム	とけて水素が発生	変化なし	変化なし

☞中和とは，電離した水素イオンと水酸化物イオンが結びついて水ができること。

$$H^+ + OH^- \rightarrow H_2O \quad （発熱反応）$$

※水素イオンがあまれば酸性，水酸化物イオンがあまればアルカリ性になる。

　同時に起きていること…酸の陰イオン＋アルカリの陽イオン→塩

※塩が水に溶けにくいと，沈殿となって出てくる。

覚えておくべきポイント

☞**いろいろな中和反応。電離したイオンが結びつく**

・HCl　　　＋　　$NaOH$　　　　→　　　$NaCl$　　＋　　H_2O
塩化水素　水酸化ナトリウム水溶液　塩化ナトリウム　　　水
（塩酸）

$HCl \rightarrow H^+ + Cl^-$

$NaOH \rightarrow Na^+ + OH^-$

$H^+ + OH^- \rightarrow H_2O$（水ができる）

$Na^+ + Cl^- \rightarrow NaCl$（塩ができる）

・H_2SO_4　　＋　$Ba(OH)_2$　　→　　$BaSO_4$　　＋　　$2H_2O$
　硫酸　　水酸化バリウム　　硫酸バリウム　　　水

$H_2SO_4 \rightarrow 2H^+ + SO_4^{2-}$

$Ba(OH)_2 \rightarrow Ba^{2+} + 2OH^-$

$2H^+ + 2OH^- \rightarrow 2H_2O$（水ができる）

$Ba^{2+} + SO_4^{2-} \rightarrow BaSO_4$（塩ができる）

・HNO_3　　＋　　KOH　　　→　　　KNO_3　　＋　　H_2O
　硝酸　　水酸化カリウム　硝酸カリウム　　　水

$HNO_3 \rightarrow H^+ + NO_3^-$

$KOH \rightarrow K^+ + OH^-$

$H^+ + OH^- \rightarrow H_2O$（水ができる）

$K^+ + NO_3^- \rightarrow KNO_3$（塩ができる）

要 点

☑ イオンの移動

H^+ は陰極に引きつけられて移動し、OH^- は陽極に引きつけられて移動する。

(1) ガラス板とリトマス紙を使う方法（図1）

　①ガラス板に、硝酸カリウム水溶液（電流を通しやすくするため）をしみこませたろ紙をのせて、クリップでとめる。

　②赤色と青色のリトマス紙をのせる。

　③調べたい水溶液をしみこませた糸を中央にのせて、電圧を加える。

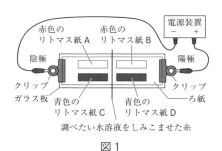

図1

　　＜結果（上の図の場合）＞

	赤色リトマス紙A	赤色リトマス紙B	青色リトマス紙C	青色リトマス紙D
酸 性	変化なし	変化なし	赤色になる	変化なし
中 性	変化なし	変化なし	変化なし	変化なし
アルカリ性	変化なし	青色になる	変化なし	変化なし

(2) BTB溶液入り寒天を使う方法（図2）

　①寒天溶液に硝酸カリウムを溶かし、さらにBTB溶液を入れたもの（緑色）と、入れないもの（無色）を用意する。

　②緑色の寒天を固めたストローに、無色の寒天を固めたやや細めのストローを両端から入れてはさむ。

　③両側に炭素棒を入れて電極につなげる。

　④ストローの中央に切り込みを入れて、調べたい水溶液をしみこませたろ紙をはさんで電圧を加える。

図2

　　＜結果＞

酸性…陰極側に黄色の部分がのびる。　　アルカリ性…陽極側に青色の部分がのびる。

中性…変化なし。

☑ イオンの数の変化

塩酸に水酸化ナトリウム水溶液を少しずつ加えていった場合。

＜H^+の数＞	＜Cl^-の数＞	＜Na^+の数＞	＜OH^-の数＞

問題演習

1 酸とアルカリの２つの水溶液を混ぜ合わせてできた水溶液の性質を調べる実験を行った。あとの問いに答えなさい。ただし，水素イオンと水酸化物イオンは，結びついて水をつくるものとする。

〈富山県〉

図1 10～15Vの電圧を加える

電源装置 − ＋

赤色のリトマス紙
水溶液をしみこませた糸
陰極　陽極
青色のリトマス紙
食塩水をしみこませたろ紙

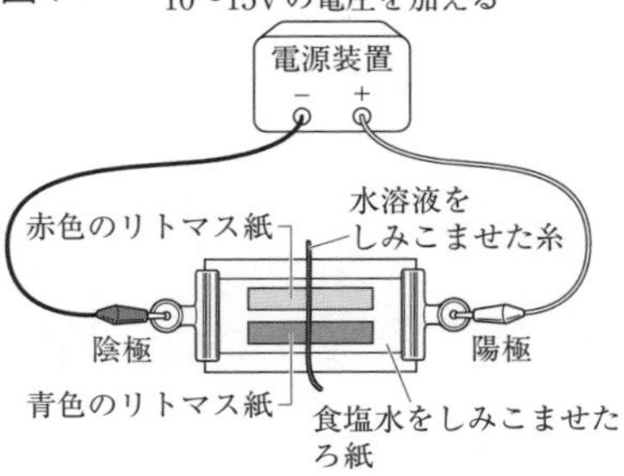

<実験>

㋐ ある濃度のうすい塩酸とうすい水酸化ナトリウム水溶液を準備し，表のように混ぜ合わせて水溶液 A 〜 F をつくった。

水溶液	A	B	C	D	E	F
うすい塩酸の体積（cm³）	6	10	12	15	18	25
うすい水酸化ナトリウム水溶液の体積（cm³）	3	6	12	5	9	10

㋑ スライドガラスの上に食塩水をしみこませたろ紙と，赤色と青色のリトマス紙をのせ，図1のような装置をつくって 10 〜 15V の電圧を加えることができるようにした。

㋒ リトマス紙の中央に，水溶液 A をしみこませた糸をのせて電圧を加え，リトマス紙の色の変化を調べたところ，赤色と青色のどちらのリトマス紙でも色の変化は見られなかった。

㋓ 水溶液 B 〜 F についても，同様に調べたところ，いくつかのリトマス紙で色の変化が見られた。

㋔ 水溶液 A 〜 F にマグネシウムリボンを入れ，反応の様子を観察した。

(1) 水溶液 A の性質は，酸性，中性，アルカリ性のどれか，書きなさい。また，水溶液 A にふくまれるイオンをすべてイオン式で書きなさい。

性質〔 　　　　　 〕 イオン〔 　　　　　　　　　 〕

(2) ㋓において，水溶液 B，E を用いたときに見られる変化はどれか。次のア〜オからそれぞれ１つずつ選び，記号で答えなさい。

ア 青色のリトマス紙が陰極に向かって赤色になる。

イ 青色のリトマス紙が陽極に向かって赤色になる。

ウ 赤色のリトマス紙が陰極に向かって青色になる。

エ 赤色のリトマス紙が陽極に向かって青色になる。

オ どちらのリトマス紙も変化しない

B〔 　　 〕 E〔 　　 〕

(3) ㋔において，気体が発生する水溶液はどれか，A 〜 F からすべて選び，記号で答えなさい。また，発生する気体は何か，化学式で書きなさい。

水溶液〔 　　　　　 〕 気体〔 　　　　　 〕

(4) 次の文は実験結果について考察したものである。文中の空欄（ X ），
（ Y ）には適切なことばを，（ Z ）には数値を書きなさい。

> 酸性の水溶液に共通して含まれる（ X ）イオンは，マグネシウムと反応して気体を発生させる。アルカリ性の水溶液に共通して含まれる（ Y ）イオンは，マグネシウムとは反応しない。この実験で用いたうすい水酸化ナトリウム水溶液に含まれる（ Y ）イオンの数は，同体積のうすい塩酸に含まれる（ X ）イオンの数の（ Z ）倍である。

X〔　　　　〕Y〔　　　　〕Z〔　　　　〕

2 うすい硫酸とうすい水酸化バリウム水溶液について調べるために，次の実験を行った。次の問いに答えなさい。ただし，それぞれの化学式は，硫酸は H_2SO_4，水酸化バリウムは $Ba(OH)_2$ である。

〈山梨県・改〉

<実験1>
　うすい硫酸とうすい水酸化バリウム水溶液を用意し，フェノールフタレイン液，BTB溶液，リトマス紙を使って，それぞれの水溶液の性質を調べ，表1のようにまとめた。

表1

	うすい硫酸	うすい水酸化バリウム水溶液
無色のフェノールフタレイン液を加えたときの色の変化	変化しなかった	X
緑色のBTB溶液を加えたときの色の変化	Y	青色になった
赤色リトマス紙の色の変化	変化しなかった	青色になった
青色リトマス紙の色の変化	赤色になった	変化しなかった

<実験2>
① うすい水酸化バリウム水浴液 $40cm^3$ をビーカーにとり，図のように，メスシリンダーを用いてうすい硫酸 $10cm^3$ を加えた。このとき，ビーカー内に白い沈殿が生じた。

② ①の混合液中に生じた白い沈殿をろ過して乾燥させ，沈殿した物質の質量を測定した。

③ ②でろ過したろ液にBTB溶液を2，3滴加え，色の変化を確認した。

④　①の加えるうすい硫酸の体積を 20cm³，30cm³，40cm³，50cm³ と
変えて，②，③と同様の操作を行い，その結果を表2のようにまとめ
た。

表2

加えたうすい硫酸の体積(cm³)	10	20	30	40	50
沈殿した物質の質量(g)	0.25	0.50	0.75	0.85	0.85
緑色のBTB溶液を加えたときの色の変化	青色になった			Y	

必ず得点 (1)　表1の 　X 　，表1，表2の 　Y 　 に当てはまるものを，次のア
～オから一つずつ選び，その記号をそれぞれ書きなさい。

ア　変化しなかった　　イ　黄色になった　　ウ　緑色になった

エ　青色になった　　オ　赤色になった

X〔　　　〕Y〔　　　〕

(2)　BTB溶液と赤色リトマス紙を，それぞれ青色に変化させたイオンを
何というか，その名称を書きなさい。

〔　　　　　　　　〕

(3)　<実験2>で沈殿した物質は何か，化学式で書きなさい。

〔　　　　　　　　〕

よくでる (4)　加えたうすい硫酸の体積と，混合液中の硫酸イオンの数の関係をグラ
フに表すと，どのようになると考えられるか。次のア～エから最も適当
なものを一つ選び，その記号を書きなさい。

ア　　　　　　　　　イ　　　　　　　　　ウ　　　　　　　　　エ

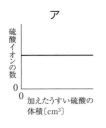 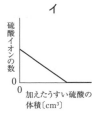 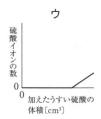 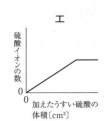

〔　　　　　　　　〕

思考力 (5)　表2から，中性になると考えられるのは，うすい水酸化バリウム水溶
液 40cm³ にうすい硫酸を何 cm³ 加えたときか，求めなさい。

〔　　　　　　　　〕

6 いろいろな気体とその性質

栄光の視点

 この単元を最速で伸ばすオキテ

🖙 主な気体の性質をおぼえて，使える知識として定着させよう。

	酸素	二酸化炭素	窒素	水素	アンモニア
色	なし	なし	なし	なし	なし
におい	なし	なし	なし	なし	刺激臭
重さ（空気を1とときとき）	1.11 少し重い	1.53 重い	0.97 少し軽い	0.07 最も軽い	0.60 軽い
20℃で水1cm^{3}に溶ける体積(cm^3)	0.03 溶けにくい	0.9 少し溶ける	0.02 溶けにくい	0.02 溶けにくい	702 非常によく溶ける
その他	助燃性あり。空気中に約21%含まれる。呼吸で吸収。光合成で排出。	石灰水が白く濁る。水溶液は酸性。呼吸で排出。光合成で吸収。	空気中に約78%含まれる。	爆発的に燃えて水になる。	有毒。水溶液はアルカリ性。細胞活動で生じる。

覚えておくべきポイント

🖙 **気体の集め方は，気体の性質から決める**

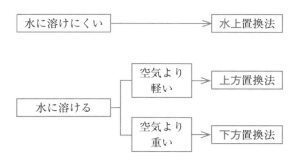

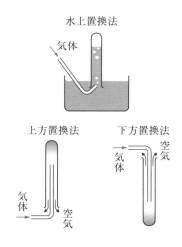

※水に溶けにくい気体は，重さにかかわらず水上
置換法で集める。
空気と混ざりにくく，発生量がわかりやすいな
どの利点が多いため。

要　点

☑ 気体の発生法は，器具の使い方もセットでおぼえる。

(1) 酸素

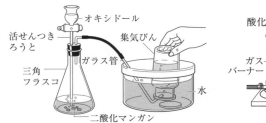

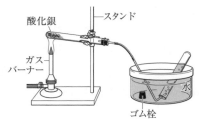

(2) 二酸化炭素

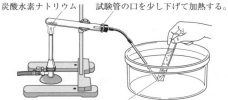

加熱をやめるときは，先に水そうからガラス管をぬく。

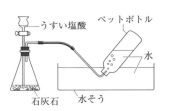

(3) 水素

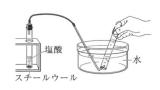

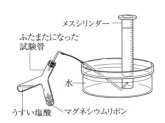

(4) アンモニア

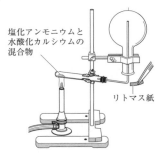

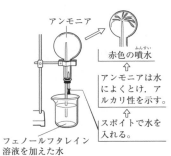

(5) 塩素：黄緑色。刺激臭。有毒。
　　　　空気より重い。水に溶けやすい。
　　　　漂白，殺菌作用あり。

(6) 硫化水素：腐卵臭。有毒。空気より重い。
　　　　火山地帯，温泉の吹き出し口
　　　　などのくぼ地にたまりやすい。

問題演習

1 表1のA〜Dは，水素，酸素，二酸化炭素，アンモニアのいずれかの気体である。表1から，気体Aは空気よりもひじょうに軽く水にとけにくい気体であることがわかる。このことを参考に次の問いに答えなさい。

表1　気体の密度の比と水へのとけ方（20℃のとき）

気体　　性質	A	B	C	D
空気を1としたときの密度の比	0.07	0.60	1.53	1.11
水1cm³にとける気体の体積（cm³）	0.019	740	0.953	0.033

〈沖縄県〉

✔必ず得点 (1) 気体Aを集めるのにもっとも適当な方法を次のア〜ウから1つ選んで記号で答えなさい。

　　ア　上方置換　　イ　下方置換　　ウ　水上置換

〔　　　　〕

✿よくでる (2) 気体Dを発生させる方法としてもっとも適当なものを次のア〜エから2つ選んで記号で答えなさい。

　　ア　酸化銀を加熱する　　　　イ　炭酸水素ナトリウムを加熱する
　　ウ　鉄にうすい塩酸を加える
　　エ　二酸化マンガンにオキシドール（うすい過酸化水素水）を加える

〔　　　　〕〔　　　　〕

(3) 気体Dを集めるのにもっとも適当な方法を右のア〜ウから1つ選んで記号で答えなさい。

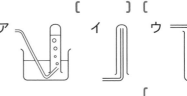

〔　　　　〕

(4) 気体Bに関する説明として正しいものはどれか，次のア〜オから2つ選んで記号で答えなさい。

　　ア　窒素原子1個と水素原子4個が結びついた分子である
　　イ　空気と混合すると，爆発しやすい
　　ウ　水溶液のpHは7より大きい
　　エ　漂白作用がありプールの消毒剤のような刺激臭がある
　　オ　細胞の生命活動が行われるとできる物質であり，体内では有害な物質である

〔　　　　〕〔　　　　〕

2 気体の性質について次の問いに答えなさい。　　　　　　　　　〈愛媛県・改〉

<実験1>

　　アンモニアを乾いたフラスコに入れ，次の図1のような装置を組み立てて，スポイトの水をフラスコ内に入れたところ，ビーカー内の水が，ガラス管を通ってフラスコの中に吸い上げられ，⑧赤色に変化しながら噴き上がった。

<実験2>

　　図2のような試験管 X，Y に，BTB 溶液を加えた水を入れた。緑色であった水に，アンモニアと二酸化炭素を同じ体積ずつとって混ぜた混合気体をゆっくり通すと，ⓑ水の色は，試験管 X では緑色から青色に変化し，その後，試験管 Y では緑色から黄色に変化した。ただし，アンモニアと二酸化炭素は直接反応しないものとする。

図1

アンモニア

乾いたフラスコ

フェノールフタレイン溶液を加えた水

水を入れたスポイト

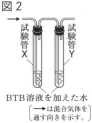

図2

試験管 X　試験管 Y

BTB 溶液を加えた水

[→は混合気体を通す向きを示す。]

✔必ず得点 (1) 次のア〜エのうち，フェノールフタレイン溶液を加えると下線部⑧のように赤色になる水溶液を一つ選び，その記号を書け。

　　ア　塩酸　　イ　食塩水　　ウ　食酢　　エ　石灰水

　　　　　　　　　　　　　　　　　　　　　　　　　　　　　〔　　　　〕

🔧よくでる (2) 実験1で，ビーカー内の水が，ガラス管を通ってフラスコの中に吸い上げられ噴き上がった理由を，「大気圧より」という言葉を用いて，「フラスコに入っていたアンモニアが」の書き出しに続けて簡単に書け。

　　〔フラスコに入っていたアンモニアが　　　　　　　　　　　　　　　　　　　〕

🔔思考力 (3) 次の文の①〜③の｛　　｝の中から，それぞれ適当なものを一つずつ選び，その記号を書け。

　　　　下線部ⓑの色の変化から，試験管 X では，①｛ア．アンモニア　イ．二酸化炭素｝が水に溶けたこと，試験管 Y では，②｛ア．アンモニア　イ．二酸化炭素｝が水に溶けたことが確認できる。このことから，アンモニアと二酸化炭素では，③｛ア．アンモニア　イ．二酸化炭素｝の方が水に溶けやすいことがわかる。

　　　　　　　　　　　　①〔　　　〕②〔　　　〕③〔　　　〕

7 水溶液の性質

栄光の視点

この単元を最速で伸ばすオキテ

🔲 質量パーセント濃度は，溶液全体の質量に対する**溶質の質量**の割合である。

$$質量パーセント濃度［\%］= \frac{溶質の質量［g］}{溶液の質量［g］} \times 100$$

$$= \frac{溶質の質量［g］}{溶質の質量［g］+溶媒の質量［g］} \times 100$$

（例）溶質 10g，溶媒 90g のときの溶液の質量パーセント濃度

$$質量パーセント濃度 = \frac{10}{10+90} \times 100 = 10［\%］$$

🔲 再結晶の方法は 2 通り。

・水溶液の温度を下げる。（図 1）
温度による溶解度の差が大きい物質
を取り出すとき。
（例）ミョウバン，硝酸カリウムなど

・水溶液から水を蒸発させる。
温度による溶解度の差が小さい物質
を取り出すとき。
（例）塩化ナトリウムなど

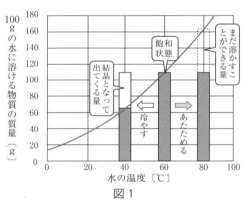

図 1

覚えておくべきポイント

🔲 **結晶は規則正しい形をしていて，その形は物質に
よって決まっている**

塩化ナトリウム

ミョウバン

🔲 **ろ過の仕方をおさえる**

ガラス棒を使用し，ろうとの先のとがった方を
ビーカーの内側につける。粒の大きさの順は，結
晶＞ろ紙の目＞溶質。※ろ液は**飽和水溶液**である。

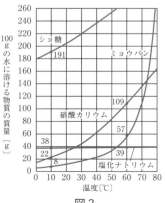

図 2

🔲 **いろいろな**溶解度曲線を把握しておく**（図 2）**

問題演習

1 水溶液から、溶けている物質をとり出す実験を行った。下の⬚内は、その実験の手順を示したものである。 〈福岡県〉

【手順】
①ビーカーに50℃の水100gを入れ、それに固体の物質A 40gを加える。
②よくかき混ぜて、物質Aを完全に溶かす。
③ビーカーの中の水溶液を、20℃まで冷やす。
④ビーカーの中のものをろ過する。

(1) 図1は、手順①で、物質Aを加えた直後のようすを粒子のモデルで表したものである。手順②で、物質Aが水に完全に溶けた後のようすを粒子のモデルで表した図として最も適切なものを、次の1〜4から1つ選び、番号で答えよ。 〔   〕

図1
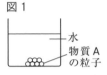

1   2   3   4

よくでる (2) 下線部の操作を示した図として最も適切なものを、次の1〜4から1つ選び、番号で答えよ。また、この操作によって、ろ紙の上に固体をとり出すことができる理由を、「ろ紙の穴」という語句を用いて、簡潔に書け。

番号〔   〕

理由〔   〕

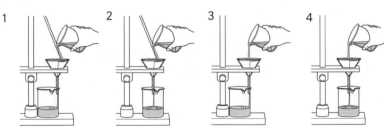

図2は、物質Aおよび物質Bの溶解度曲線を示したものである。下は、実験後、図2を用いて、水溶液の温度と、出てくる固体の量との関係について考察しているときの、花さんと健さんと先生の会話の一部である。

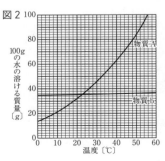

図2

先生：50℃の水100gに物質A40gを溶かした水溶液を冷やしていくとき，水溶液の温度が何℃より低くなると固体が出てくると考えられますか。

花さん：（ア）℃より低くなると固体が出てくると思います。固体が出てくるとき，物質Aは溶ける限界の量まで水に溶けているからです。

先生：そうですね。では，水溶液を20℃まで冷やしたとき，出てきた物質Aの固体の量を求めるには，どのように考えればよいですか。

健さん：50℃で溶かした40gと，20℃で溶ける限界の量である（イ）gとの差で考えることができます。

先生：そのとおりです。

(3) 会話文中の（ア）に入る数値として，最も適切なものを，次の1～4から1つ選び，番号で答えよ。

1　40　　　　2　33　　　　3　30　　　　4　26

［　　　　　］

(4) 会話文中の（イ）に入る，適切な数値を書け。

［　　　　　］

(5) 50℃の水100gに物質A40gを溶かした水溶液を20℃まで冷やしていく間，水溶液の濃度はどのように変化するか。「固体が出はじめるまでは，」という書き出しで，簡潔に書け。

［固体が出はじめるまでは，　　］

よくでる (6) 図2に示すように，物質Aと比べて物質Bは，温度による溶解度の変化が小さい。そのため，物質Bを溶ける限界の量まで溶かした水溶液を冷やしても，物質Bの固体は少ししか出てこない。水に溶けている物質Bを，できるだけ多く固体としてとり出すための適切な方法を，簡潔に書け。　　　　　　　　　　［　　　　　　　　　　　　　　　］

2 ある物質を水に溶かし，その水溶液を冷却することによって，溶けている物質を再び固体として取り出す実験を行った。表は，各温度での水100g当たりに溶かすことのできる各物質の質量を示したものである。次の問いに答えなさい。

〈群馬県〉

表

水の温度[℃]	20	40	60	80
硝酸カリウム[g]	31.6	63.9	109.2	168.8
塩化ナトリウム[g]	35.8	36.3	37.1	38.0
ミョウバン[g]	11.4	23.1	57.3	320.7

よくでる (1) この実験で行ったように，一度水に溶かした物質を再び固体として取り出すことを何というか，書きなさい。

［　　　　　］

(2) 80℃の水200gに硝酸カリウムを溶かして飽和水溶液を作り，40℃まで冷却した場合，再び取り出すことができる固体の質量はいくらか，書きなさい。

［　　　　　］

思考力 (3) 80℃のミョウバンの飽和水溶液を20℃までゆっくりと冷却した場合の，冷却し始めてからの時間と，取り出すことができる固体の質量の関係を表したグラフとして最も適切なものを，次のア〜エから選びなさい。ただし，水溶液を80℃から冷却し始めたときの時間を0とし，一定の時間に温度が一定の割合で低下するように冷却したものとする。　〔　　　〕

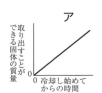 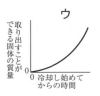 

3 健さんの学級では，溶解度をもとにした物質の見分け方について話し合った。表は，4種類の物質の溶解度を表したものである。下の問いに答えなさい。

表

物質＼水の温度[℃]	20	30	40	50	60
塩化ナトリウム	35.8	36.1	36.3	36.7	37.1
塩化アンモニウム	37.2	41.4	45.8	50.4	55.3
硝酸カリウム	31.6	45.6	64.0	85.2	109.2
ミョウバン	11.4	16.6	23.8	36.4	57.4

〈秋田県〉

望さん：水が100g ずつ入った4つのビーカーに，表の物質 45.0g をそれぞれ入れると，a 20℃の水ではどの物質もとけきれないね。このとき，とけ残った物質をろ過によってとり出して質量を比較することで，物質を見分けられそうだね。

学さん：別の方法もあるよ。b 水の温度を 60℃にして，表の物質 45.0g をそれぞれ入れると，塩化ナトリウムだけがとけきれずに残るよね。他の3種類の水溶液を，60℃から20℃まで冷やしていくと，途中で結晶が出てくるはずだよ。そのときの温度が高い順に並べると， X になるので見分けられそうだね。

健さん：学さんの考えは再結晶を使った見分け方だね。水溶液を冷やして結晶をとり出す再結晶は， Y を利用している方法だよね。

(1) 下線部 a について，とけ残る質量が2番目に大きい物質は何か，書きなさい。　〔　　　〕

思考力 (2) 下線部 b について，とけ残る塩化ナトリウムを完全にとかすために，さらに必要な 60℃の水の質量は，少なくとも何 g か，整数で書きなさい。求める過程も書きなさい。　質量は少なくとも〔　　　〕g

過程〔　　　　　　　　　　　　　　　　　　　　　　〕

(3) 次のア〜ウを，X に当てはまる順に並べて記号を書きなさい。

ア　塩化アンモニウム　　イ　硝酸カリウム　　ウ　ミョウバン

〔　　→　　→　　〕

よくでる (4) 健さんの発言が正しくなるように，Y に当てはまる内容を「温度」と「溶解度」という語句を用いて書きなさい。

〔　　　　　　　　　　　　　　　　　　　　　　　　〕

8 物質の状態とその変化

栄光の視点

💡 この単元を最速で伸ばすオキテ

- 状態変化とは、熱を受け取ったり放出したりすることで、粒子の運動のようすが変わること。（図1）

  ふつう、体積が大きい順に、

  　気体＞液体＞固体

  （水は例外で、気体＞固体＞液体）

  体積が変化しても、質量は変わらない。

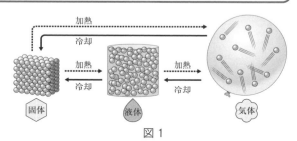

図1

- 水の温度と状態との関係をおさえておく。（図2）

  ※水の融点は0℃、沸点は100℃

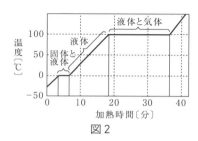

図2

📘 覚えておくべきポイント

- **沸点と融点は、物質ごとに決まっている（図3）**

  混合物は、沸点や融点がはっきりしなくなる。

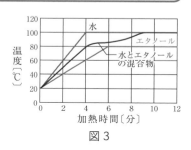

図3

- **沸点の違いを利用して、混合物を分離することができる→混合物の蒸留（図4）**

  蒸留…液体を熱して出てきた気体を冷やして液体にもどすこと。

  沸点の低いエタノールを先に集めることができる。

  ※エタノールを含んでいることを確かめる方法

  　…においをかぐ。

  　　肌につけるとひんやりする。

  　　火をつけると燃える。

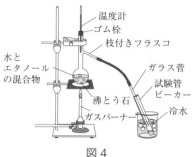

図4

- **ろうの状態変化と密度をおさえる**

  液体のろうを冷やすと、体積が小さくなる。

  質量は変化しないので、密度を比較すると、

  　固体のろう＞液体のろう

問題演習

1 由香さんは，物質の状態変化を調べるため，水とエタノールを用いて実験 1，2 を行った。次の各問いに答えなさい。 〈熊本県〉

<実験1>水 50cm³ とエタノール 50cm³ をそれぞれ加熱し，温度変化を測定した。図1は，加熱した時間と温度との関係をグラフで表したものであり，点Xは二つのグラフの交点である。

<実験2>水 20cm³ とエタノール 5 cm³ の混合物を，図2のような装置で加熱した。出てきた液体を，試験管 a，b の順に 3 cm³ ずつ集め，加熱をやめた。次に，同じ大きさのポリエチレンの袋A～Dを用意し，袋Aには試験管aに集めた液体，袋Bには試験管bに集めた液体，袋Cには水，袋Dにはエタノールをそれぞれ 3 cm³ ずつ入れ，空気が入らないように口を密閉し，すべての袋に約 90℃ の湯をかけた。図3は，その結果を示したもので，大きく膨らんだ方から順に，袋D，袋A，袋Bとなり，袋Cは膨らまなかった。

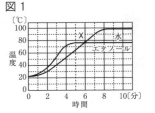

図1

図2
丸底フラスコ
水とエタノールの混合物
試験管a
沸とう石
氷水
試験管b

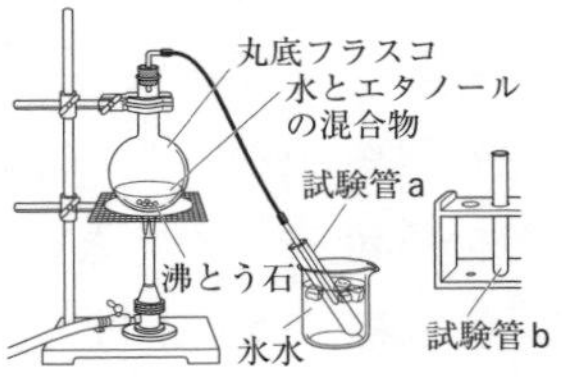

図3
袋A 袋B 袋C 袋D 温度計

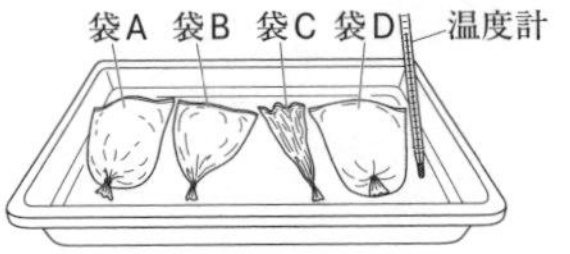

よくでる (1) 図1の点Xにおける水とエタノールのようすについて正しく説明したものを，次のア～エから一つ選び，記号で答えなさい。〔　　　〕
ア　水とエタノールはいずれも沸とうしている。
イ　水とエタノールはいずれも沸とうしていない。
ウ　水は沸とうしているが，エタノールは沸とうしていない。
エ　水は沸とうしていないが，エタノールは沸とうしている。

(2) 図3の結果から，試験管aと試験管bのうち，集めた液体に含まれるエタノールの割合が大きいのはどちらか，a，bの記号で答えなさい。また，そう判断した理由を，図3の袋の中における水とエタノールの状態変化をふまえて書きなさい。

記号〔　　　〕　理由〔　　　　　　　　　　　　　　　〕

思考力 (3) 右の表は，いろいろな物質の融点と沸点を示したものである。物質の温度が図1の点Xと同じ温度のとき，液体の状態であるものを次のア～オからすべて選び，記号で答えなさい。〔　　　〕

物質	融点[℃]	沸点[℃]
銅	1085	2562
酢酸	17	118
塩化ナトリウム	801	1485
パルミチン酸	63	351
窒素	−210	−196

ア　銅　イ　酢酸　ウ　塩化ナトリウム　エ　パルミチン酸　オ　窒素

9 身のまわりの物質とその性質

栄光の視点

この単元を最速で伸ばすオキテ

☞ 金属の共通の性質のうち，あてはまらないものがあれば，それは金属ではない。

　すべての金属は，以下の条件を満たす。

(1) 金属光沢…みがくと光る

(2) 電気をよく通す

(3) 熱をよく伝える

(4) 延性…引っ張ると細くのびる

(5) 展性…たたくとのびてうすく広がる

※磁石につくのは，鉄とニッケル，コバルトだけ。

　多くの金属が磁石につかないことから，見分ける手がかりになる。

☞ 密度がわかれば，物質の種類がわかる。

$$物質の密度 [g/cm^3] = \frac{物質の質量 [g]}{物質の体積 [cm^3]}$$

密度と浮き沈みの関係…液体より密度が大きいものは沈み，小さいものは浮く。

（右の図）

□ > 1.20g/cm³

1.20g/cm³ > ⊠ > 1.00g/cm³

1.00g/cm³ > ■ > 0.92g/cm³

試験管に入れた液体		密度(g/cm³)
	エタノール	0.79
	なたね油	0.92
	水	1.00
	食塩の飽和水溶液	1.20

覚えておくべきポイント

☞ 白い粉末の見分け方

(1)水に溶けるかどうか。┬溶けない…デンプンなど

　　　　　　　　　　　└溶ける…食塩，砂糖など

(2)溶けるとき┬液性（酸性，中性，アルカリ性）

　　　　　├電流が流れるかどうか。

　　　　　└溶解度を比較する。

(3)加熱すると黒くこげる。→燃焼すると二酸化炭素や水ができる。

　　　…炭素をふくむ有機物とわかる。

(4)薬品と反応する。

　石灰石（炭酸カルシウム）…塩酸と反応して二酸化炭素が発生する。

要点

☑ **有機物と無機物**

有機物…炭素をふくむ物質。

無機物…有機物でないもの。

※炭素，二酸化炭素，炭酸カルシウムなどは，炭素をふくんでいる
　が無機物に分類する。

```
                  ┌─── 有機物
                  │    砂糖・紙
                  │    PET・ろう
         物質 ────┤
                  │
                  └─── 無機物
```

図1　有機物と無機物

☑ **いろいろなプラスチック**

共通の性質…有機物である。軽い。加工しやすい。
　　　　　　さびない。くさらない。電気を通しにくい。薬品と反応しにくい。

種類	ポリエチレン (PE)	ポリエチレンテレフタラート (PET)	ポリ塩化ビニル (PVC)	ポリスチレン (PS)	ポリプロピレン (PP)
用途	バケツ, 容器, レジ袋	ペットボトル, 写真フィルム	水道管, 消しゴム, ホース	食品トレイ, CDケース	タッパ, ペットボトルのふた
性質	軽くて, 水, 油, 薬品に強い。	透明で圧力に強い。水に沈む。	燃えにくい。水に沈む。薬品に強い。	断熱保温性がある。	軽くて, 比較的熱に強い。

↑のプラスチックは，加熱するとやわらかくなり，冷やすと硬くなる，熱可塑性プラスチック
である。逆に加熱すると硬くなる，熱硬化性プラスチックもある。

※生分解性プラスチック…微生物によって分解される。有毒な気体を発生しない。

☑ **いろいろな実験器具**

物質の性質を見分けるために利用することができる。

(1)メスシリンダーの使い方

・水平なところに置き，目の位置を
　液面と同じ高さにして液面のいち
　ばん平らなところを読みとる。

・1目盛りの $\frac{1}{10}$ まで目分量で読み
　とる。

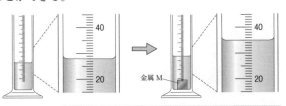

金属 M の体積は，$35.0 - 28.0 = 7.0$（cm³）

(2)上皿てんびん

・水平なところで，針が左右に等し
　くふれればつり合っているとする。

図2　メスシリンダーの使い方

問題演習

1 密度に関する実験を行った。あとの問いに答えなさい。なお，下の表1〜3はそれぞれ金属，プラスチック，液体の密度を示しており，実験に用いる金属片とプラスチック片は表1，2の物質の中のどれかでできている。〈富山県〉

表1　金属の密度（g/cm³）

アルミニウム	2.70
亜鉛	7.13
鉄	7.87
銅	8.96

表2　プラスチックの密度（g/cm³）

ポリエチレン	0.92〜0.97
ポリ塩化ビニル	1.2〜1.6
ポリスチレン	1.05〜1.07

表3　液体の密度（g/cm³）

水	1.00
エタノール	0.79
飽和食塩水	1.21

＜実験1＞⑦ 形や大きさの異なる金属片A〜Eを用意した。

① 電子天秤を用いて金属片Aの質量を測定したところ17.9gであった。

⑦ 55.0cm³の水を入れたメスシリンダーに，金属片Aを糸でつるして沈めたところ，水面の目盛りが図1のようになった。

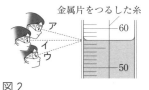
図1

① ①，⑦と同様の操作を金属片B〜Eについても行い，結果を図2にまとめた。

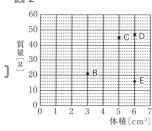
図2

🖊よくでる
(1) 図1において，目盛りを正しく読みとるにはどこから見ればよいか，ア〜ウから1つ選び，記号で答えなさい。　〔　　　　　〕

(2) 金属片Aの金属の種類は何か，表1から選び，書きなさい。また，金属片Aと同じ種類の金属でできていると考えられる金属片はどれか，B〜Eから1つ選び，記号で答えなさい。

金属〔　　　　　　　　　　〕　B〜E〔　　　　　〕

(3) 飲料用のかんには，スチールかんとアルミニウムかんがよく使われている。スチールかんとアルミニウムかんを区別するためには，実験1のように質量や体積をはかるほかにどのような方法があるか，書きなさい。

〔　　　　　　　　　　　　　　　　　　　　　　　〕

＜実験2＞④ 形や大きさの異なるプラスチック片F〜Hを用意した。

⑤ プラスチック片F〜Hをそれぞれ，水，エタノール，飽和食塩水に入れ，ようすを観察したところ，表4のような結果となった。

表4

	水	エタノール	飽和食塩水
F	沈んだ	沈んだ	浮いた
G	沈んだ	沈んだ	沈んだ
H	浮いた	沈んだ	浮いた

💡思考力
(4) プラスチック片Fのプラスチックの種類は何か，表2から選び，書きなさい。　〔　　　　　　　　　　〕

2 物質の性質のちがいを利用して混合物にふくまれる物質を見分ける課題に取り組み，次のような実験を行いました。これについて，下の(1)〜(4)の問いに答えなさい。

〈岩手県〉

＜課題＞白い粉末の物質を特定しよう

図のA〜Fは，次の混合物のいずれかである。

・砂糖とデンプン　・砂糖と石灰石
・砂糖と食塩　・デンプンと石灰石
・デンプンと食塩　・石灰石と食塩

（注意）混合物を手でさわったり，なめたりしてはいけない。

図

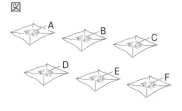

＜実験＞

Ⅰ　燃焼さじに混合物A〜Fをそれぞれ少量とり，弱火で熱した。

Ⅱ　試験管に混合物A〜Fをそれぞれ少量入れ，水を加えてよくふり混ぜた。

Ⅲ　別の試験管に混合物A〜Fをそれぞれ少量入れ，うすい塩酸を加えた。

Ⅳ　ペトリ皿に混合物A〜Fをそれぞれ少量入れ，ヨウ素液を加えた。

Ⅴ　Ⅰ〜Ⅳの結果を表にまとめた。

表　　実験＼混合物	A	B	C	D	E	F
Ⅰ　熱	こげた	変化なし	こげた	こげた	こげた	こげた
Ⅱ　水	とけた	とけ残った	とけ残った	とけ残った	とけ残った	とけ残った
Ⅲ　うすい塩酸	変化なし	気体が発生した	気体が発生した	気体が発生した	変化なし	変化なし
Ⅳ　ヨウ素液	変化なし	変化なし	変化なし	青紫色に変化した	青紫色に変化した	青紫色に変化した

Ⅵ　Ⅰ〜Ⅳの結果から，混合物E，Fどちらにもふくまれている物質は特定できたが，残りの物質は特定できなかったため，さらに実験を行い特定した。

(1) 表のⅠで，こげたことから何の原子がふくまれていることがわかりますか。その原子の記号を書きなさい。

〔　　　　　〕

(2) 表のⅢで，発生した気体は何ですか。次のア〜エのうちから一つ選び，その記号を書きなさい。

ア　酸素　イ　水素　ウ　アンモニア　エ　二酸化炭素

〔　　　　　〕

(3) Ⅴで，Ⅰ〜Ⅳの結果から，混合物A，B，C，Dにふくまれている物質を特定できました。このうち，混合物Cにふくまれている2つの物質は何ですか。ことばで書きなさい。

〔　　　　　〕

(4) Ⅵで，混合物 E，F どちらにもふくまれている物質は何ですか，こと ばで書きなさい。また，残りの物質を特定するため，下線部ではどのような実験を行いましたか。実験の結果と，結果から特定したそれぞれの物質を明らかにして，簡単に説明しなさい。

物質名〔　　　　　　　〕

実験〔　　　　　　　　　　　　　　　　　　　　　　　　　〕

3 5種類の物質 a～e について，性質のちがいを利用して，それぞれの物質を特定する実験を行った。なお，5種類の物質は砂糖，硝酸カリウム，塩化ナトリウム，ポリスチレン，水酸化ナトリウムのいずれかである。あとの問いに答えよ。

〈福井県〉

<実験>物質 a～e について操作1～3を行った。下の図はその結果である。

操作1　それぞれに適当な量の水を加えてよくかきまぜて，水に溶けるか溶けないかを調べた。

操作2　操作1で水に溶けた物質 b～e の水溶液について，電流が流れるか流れないかを調べた。

操作3　操作1で水に溶けた物質 b～e の水溶液について，フェノールフタレイン溶液を加えて色の変化を調べた。

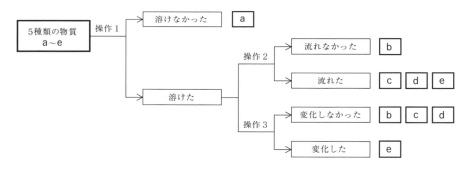

よくでる (1) 物質 a の質量をはかり，ステンレス皿にいれてガスバーナーを用いて，空気中で燃焼させた。その後，ステンレス皿上に残った物質の質量をはかったところ，燃焼前と比べて質量が減少していた。質量が減少したのはなぜか，その理由を簡潔に書け。

〔　　　　　　　　　　　　　　　　　　　　　　　　　　〕

(2) 物質 b について，電流が流れなかったのはなぜか，その理由を，解答欄の書き出しに続けて簡潔に書け。

〔 物質 b は水に溶けたとき　　　　　　　　　　　　　　〕

(3) 物質 e について，操作3によって水溶液は何色から何色に変化したか，書け。　　　　　　　　　　　〔　　　　　　　　　　　〕

PART 3 生物分野

1 生物のふえ方と遺伝 ……………………… 98
2 生命を維持するはたらき ……………… 102
3 植物のつくりとはたらき ……………… 106
4 植物の分類 ………………………………… 110
5 生物どうしのつながり ………………… 114
6 生物の観察と器具の使い方 …………… 116
7 動物のなかまと生物の進化 …………… 118
8 動物の行動としくみ …………………… 120
9 生物と細胞 ………………………………… 124

1 生物のふえ方と遺伝

栄光の視点

この単元を最速で伸ばすオキテ

▫ 無性生殖と有性生殖の違いをしっかりおさえる。

- 無性生殖…受精を行わない生殖。子は，親の染色体をそのまま引き継ぎ，同じ形質の個体となる。
- 有性生殖…2種類の生殖細胞（植物は花粉の精細胞と胚珠の卵細胞，動物は精巣でつくられる精子と卵巣でつくられる卵）が受精し受精卵ができる。生殖細胞は減数分裂によってつくられる。

  生殖細胞の染色体の数＝体細胞（受精卵や胚）の染色体の数÷2

覚えておくべきポイント

▫ 観察手順と観察できる成長・生殖の流れを明確にしよう（《要点》参照）

体細胞分裂のようすの観察…細胞分裂の順番に並べかえることができる。

花粉管がのびるようすの観察…花粉管がのびて，精細胞が移動する。

▫ 遺伝の規則性をしっかりおさえる

- 分離の法則…染色体は2本で1対になっている。両方の親から1本ずつ受けついだもので，減数分裂をするときに，再び別れて別々の生殖細胞に入る。
- 優性形質…対になった染色体の形質が対立形質の場合に，現れる形質。
- 劣性形質…対になった染色体の形質が対立形質の場合に，現れない形質。
- 純系…対になった染色体の形質が同じになっているもの。自家受粉を何世代くり返しても同じ形質が現れる。

先輩たちのドボン

▫ 遺伝子・染色体・DNAの違いがよくわからない

遺伝子…生物のからだをつくる設計図で，染色体の中に含まれている。

染色体…ふだんは細胞の核の中にあり，細胞分裂が行われているときだけ，ひものようなすがたを観察することができる。

DNA（デオキシリボ核酸）…遺伝子の本体。2重らせん構造になっている。4種類の構成要素（A，T，G，C）が対になっていて，その並び方に遺伝情報が組みこまれている。

▫ 形質の現れる個体数の計算のしかたがいまひとつわからない

親→子→孫の遺伝子のつながりを書き出して考えよう。遺伝子の組み合わせを表にし，組み合わせの出現の割合から，優性形質と劣性形質が現れる割合を考える。

要点

☑ 体細胞分裂の観察

（例）タマネギの根の先端（細胞分裂がさかんな部分であること）（図1）

① タマネギの種子が発芽し，5〜15mm になったものを切り取り，約60℃のうすい塩酸につけて水ですすぐ。→ひとつひとつの細胞がはなれやすくなる。

② スライドガラスにのせ，柄つき針で軽くつぶしたあと，染色液（酢酸オルセインまたは酢酸カーミン）をたらして数分置く。

③ カバーガラスをかけ，プレパラートをろ紙ではさんで，根をおしつぶす。

④ 顕微鏡で観察する。

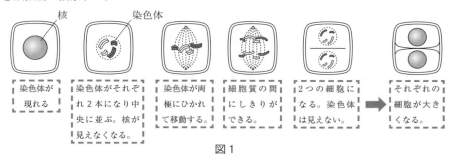

図1

☑ いろいろな無性生殖

(1) 分裂…細菌類，単細胞生物，イソギンチャク，プラナリアなど。

(2) 出芽…酵母菌，ヒドラ，ウキクサ，サンゴ，ホヤなど。

(3) 栄養生殖…サツマイモ，ジャガイモ，オランダイチゴ，タケ，
　　　　　　　むかご，さし木によるものなど。

☑ 花粉管がのびるようすの観察（図2）

① 蒸留水で5〜10% の砂糖水をつくり寒天を加えてあたためてとかし，スライドガラスにたらして固まるまで待つ。（砂糖を加えるのは，花粉管がのびる柱頭と同じ環境にするため。）

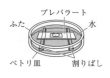
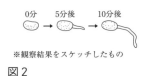

図2

② 寒天の上に熟したおしべの花粉をかけてカバーガラスをのせる。寒天が乾燥しないように，水をはったペトリ皿に入れてふたをする。

③ 5分おきに顕微鏡で観察する。

☑ 遺伝子の組み合わせと個体数の比

・優性形質の純系（AA）と劣性形質の純系（aa）の子（図3）…すべて優性形質（Aa のみ）が現れる。

・両親とも Aa の遺伝子をもつとき（図4）…優性形質（AA，Aa，aA）：劣性形質（aa）＝3：1の比で現れる。

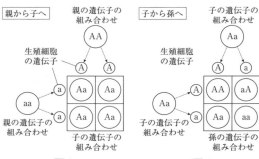

図3　　　　　図4

問題演習

1 タマネギの根の成長に関する，次の実験を行った。これらをもとに，以下の各問に答えなさい。〈石川県・改〉

図1 開始時

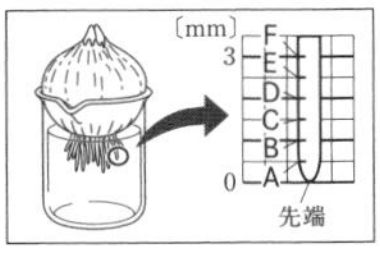

図2 15時間後

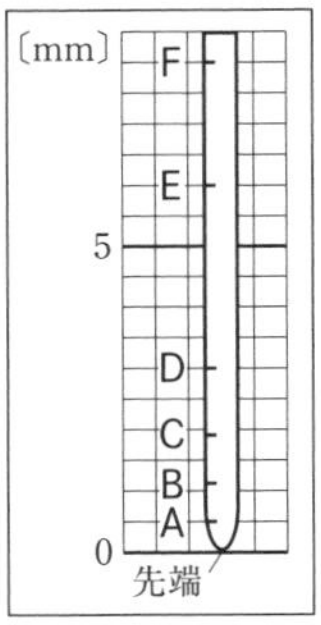

［実験Ⅰ］図1のように，タマネギの根の表面に，先端から0.5mm間隔でA～Fの印をつけた。その後，温度を一定にして根を成長させ，15時間後に根の成長のようすを調べたところ，図2のようになり，根の伸びる方向の成長速度は，それぞれの印と印の間では異なっていた。

［実験Ⅱ］実験Ⅰと同じタマネギの根を先端から3mm切り取り，うすい塩酸にしばらくつけた。その後，

図3

図4

塩酸を取りのぞき，図3のように根の先端から1mmずつX～Zに切り分け，スライドガラスにのせ，染色液で染色してカバーガラスをかけた。その上から，ろ紙をかぶせて指で根を押しつぶし，顕微鏡で細胞のようすを観察した後，デジタルカメラで撮影した。図4のあ～うは，図3のX～Zの各部分を同じ倍率で撮影した画像である。

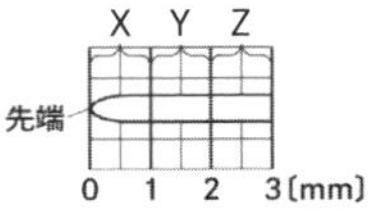

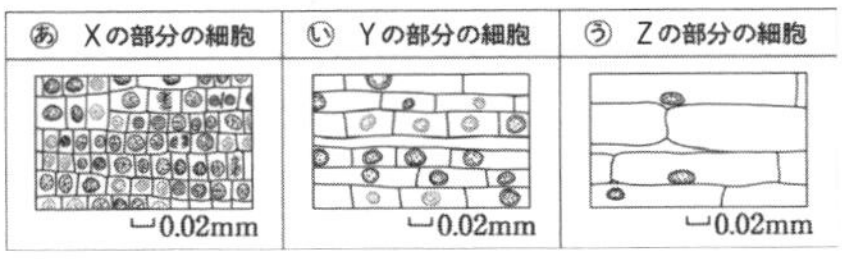

(1) 実験Ⅰについて，実験開始から15時間後までのそれぞれの印と印の間の成長速度を表すグラフはどれか，次のア～エから1つ選びなさい。

  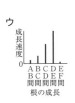

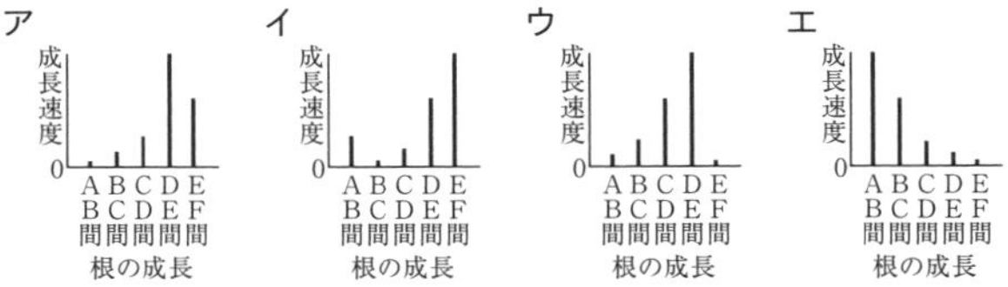

〔　　　　　〕

(2) 実験Ⅱについて，下線部の操作を行うことで細胞が観察しやすくなる。それはなぜか，理由を書きなさい。

〔　　　　　　　　　　　　　　　　　　　　　　　　　　　　　〕

よくでる (3) 実験Ⅰ，Ⅱについて，次の文は，観察結果をまとめたものである。文中の①にあてはまる語句を，②にあてはまる内容をそれぞれ書きなさい。

> 実験Ⅱより，あ～うは，染色液に染まった丸い粒である（　①　）が見られ，あでのみ，染色液に染まったひも状のものが見られた。あ～うのうち，最も多くの細胞が見られたのはあであり，最も大きな細胞が見られたのはうであった。これらのことと実験Ⅰの結果から，タマネギの根は（　②　）ことによって成長していると考えられる。

①〔　　　　〕　②〔　　　　　　　　　　　　　　　　〕

2 メンデルが行った実験について，(1)～(3)に答えなさい。　　〈徳島県・改〉

> 　19世紀の中ごろ，メンデルはエンドウを材料にして，種子の形や子葉
> の色などの7種類の形質の伝わり方を研究した。図はメンデルの実験のう
> ち，種子の形についての実験結果を示している。
>
> 実験1
> ①　丸い種子をつくる純系としわのある種子をつ
> 　くる純系の種子をまいて育てた。その後，それ
> 　らを親として，丸い種子をつくる純系のエンド
> 　ウの花粉をしわのある種子をつくる純系のエン
> 　ドウのめしべに受粉させて種子をつくった。そ
> 　の際，しわのある種子をつくる純系のエンドウ
> 　のおしべは適当な時期にとり除いておいた。
> ②　①の結果，できた子の種子の形は，すべて丸
> 　い種子となった。
> 実験2
> ①　実験1の結果，子としてできた丸い種子をまいて育て，自家受粉さ
> せた。
> ②　①の結果，孫として，丸い種子が5474個，しわのある種子が1850個
> できた。

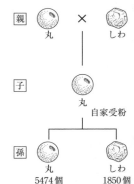

(1)　下線部について，おしべをとり除く操作を行うのはなぜか，その理由
　を書きなさい。

〔　　　　　　　　　　　　　　　　〕

👆よくでる (2)　実験2の結果について，①・②に答えなさい。
　①　孫としてできた種子に現れた丸い種子の数としわのある種子の数の
　　およその割合はどうなるか，少ない方の数を1として整数比で書きな
　　さい。

〔　　　：　　　〕

　②　孫としてできた種子の遺伝子の組み合わせをすべて表すと，その割
　　合はどうなるか，最も簡単な整数比で表したものを，次のア～エから
　　1つ選びなさい。ただし，種子の形を丸くする遺伝子をA，しわにす
　　る遺伝子をaとする。
　　ア　AA：aa＝1：1　　　　　　イ　Aa：aa＝1：1
　　ウ　AA：Aa：aa＝2：1：1　エ　AA：Aa：aa＝1：2：1

〔　　　　　〕

💡思考力 (3)　実験2②で，孫としてできた丸い種子をすべて育て，それぞれを自
　家受粉させたとき，得られるエンドウの丸い種子の数としわのある種子
　の数の割合はどうなると考えられるか，最も簡単な整数比で書きなさい。

〔　　　：　　　〕

2 生命を維持するはたらき

栄光の視点

この単元を最速で伸ばすオキテ

🖰 表面積を大きくして物質の吸収，排出を効率的に行うしくみを確認しておこう。

・柔毛…消化された養分が吸収され，毛細血管とリンパ管に入る。

・肺胞…毛細血管との間で，酸素と二酸化炭素のガス交換を行う。

📘 覚えておくべきポイント

🖰 **だ液のはたらきの実験の手順と結論をおさえておこう（図1）**

Xのようにだ液は，ヒトの体温に近い40℃前後ではたらき，デンプンを糖に変える。

🖰 **肺のモデル装置の説明をできるようにしておこう（図2）**

肺には筋肉がない。ろっ骨と横隔膜の動きで広げたり縮めたりする。

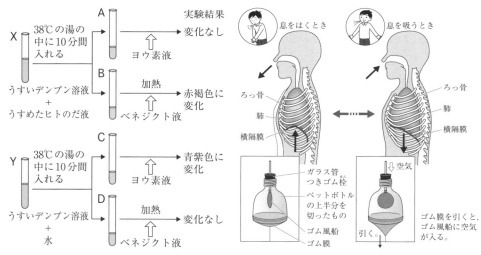

図1　だ液のはたらきの実験の手順　　図2　肺が空気を出し入れするしくみ

先輩たちのドボン

🖰 **肺呼吸と細胞による呼吸の違いを説明できない**

・肺呼吸…空気中の酸素を体内に取り入れ，二酸化炭素を体外に放出すること。

・細胞による呼吸…体内のひとつひとつの細胞で行われている。

酸素＋養分（デンプン）→二酸化炭素＋水（生きるために必要なエネルギーを取り出す）

要 点

☑ 消化と吸収

▼消化酵素…消化液にふくまれる。

アミラーゼ…だ液やすい液にふくまれている。デンプンを分解する。

ペプシン…胃液にふくまれている。タンパク質を分解する。

リパーゼ…すい液にふくまれている。脂肪を分解する。

※胆汁には消化酵素は含まれていない。脂肪の分解を助けるはたらきがある。

☑ 血液循環（図3）

肺循環…右心室→肺動脈→肺→肺静脈→左心房

体循環…左心室→大動脈→肺以外の全身→大静脈→
　　　　右心房

<血管の種類>

動脈…心臓から送り出される血液が流れる。

静脈…心臓にもどってくる血液が流れる。

毛細血管…枝分かれして器官や組織に血液を運ぶ。

<血液の呼び方>

動脈血…酸素を多くふくみ二酸化炭素が少ない血液。
　　　　明るい赤色をしている。

静脈血…二酸化炭素を多くふくみ酸素が少ない血液。
　　　　暗い赤色をしている。

<血液成分>

血しょう…液体成分。養分や二酸化炭素などの水にと
　　　　　けるものを運搬する。毛細血管からしみ出
　　　　　て組織液となり細胞と物質のやりとりをする。

赤血球…ヘモグロビンという物質のはたらきで酸素を運搬する。

白血球…体内に入ってきた細菌を食べて殺す。

血小板…血液を凝固させ，出血を止める。

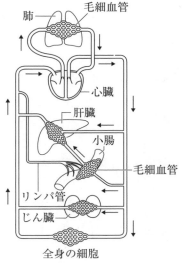

図3　血液循環

☑ 排出

肝臓…人体にとって有毒なアンモニアを尿素に変える。

じん臓…血しょう中の尿素などの不要物をこし取って尿をつくる。

※尿や汗は血液中の血しょうからつくられる。

問題演習

1 生命の維持に関する次の問いに答えなさい。

〈愛媛県・改〉

［実験］バナナが熟すときの細胞の様子を調べる
ために，バナナの切り口をスライドガラスにこ
すりつけ，デンプンを確認する薬品Xを１滴落
として，プレパラートをつくり，顕微鏡で観察
した。図１の写真A・Bは，それぞれ，バナナ

図1

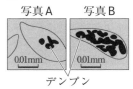

写真A　写真B

デンプン

が熟す前と熟したあとのいずれかの細胞の様子を表したものであり，ど
ちらも細胞内のデンプンは青紫色に染まった。

🔔思考力 (1) 次の文の①，②の ｜ ｜ の中から，それぞれ適当なものを一つずつ
選び，ア～エの記号で書きなさい。

> 薬品Xは，① ｜ア ベネジクト液　イ ヨウ素液｜ である。バナナには，ヒトの消化酵
> 素であるアミラーゼと同じはたらきをする物質が含まれており，バナナが熟す過程で，
> この物質がはたらく。このことから，図１の写真Aと写真Bのうち，熟したあとのバナ
> ナの細胞の様子を表したものは，② ｜ウ 写真A　エ 写真B｜ であると考えられる。

①〔　　　〕　②〔　　　〕

✒よくでる (2) 図２は，ヒトの小腸にある柔毛の模式図である。次
の文の①，②の ｜ ｜ の中から，それぞれ適当なもの
を一つずつ選び，ア～エの記号で書きなさい。

図2

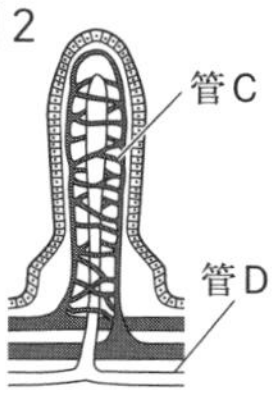

管C

管D

> デンプンの分解によってできたブドウ糖は，図２
> で① ｜ア 管C　イ 管D｜ として示されている② ｜ウ
> リンパ管　エ 毛細血管｜ に吸収される。

①〔　　　〕　②〔　　　〕

✒よくでる (3) ヒトの小腸の内部の表面には，ひだや柔毛があり，効率よく栄養分を
吸収することができる。ひだや柔毛があると，効率よく栄養分を吸収で
きるのはなぜか。その理由を簡単に書きなさい。

〔　　　　　　　　　　　　　　　　　　　　　　　　　　　　　　　　　〕

(4) 生命を維持するための器官のはたらきについて述べたものとして，最
も適当なものを，次のア～エから１つ選びなさい。

　ア　胆のうは，消化酵素は含まないが脂肪の分解を助ける胆汁をたくわ
える。

　イ　肝臓は，吸収されたアミノ酸からグリコーゲンを合成する。

　ウ　すい臓は，タンパク質を分解するリパーゼを含むすい液を出す。

　エ　じん臓は，細胞内でできた有害なアンモニアを尿素に変える。

〔　　　〕

2 次の文は，ヒトが生命を維持するはたらきについて述べたものである。(1)，
(2)の各問いに答えなさい。〈佐賀県・改〉

> ヒトは，食物に含まれている養分を消化し，吸収しやすい形にして体内に
> とり入れ，全身の細胞に運ぶ。細胞はⓍ肺でとりこみ運ばれた酸素と，体内
> に吸収された養分をとり入れて生命を維持するためのエネルギーをとり出
> し，二酸化炭素と水を放出している。これを細胞の呼吸という。細胞では，
> 生命活動を行うときに，二酸化炭素や水以外にも不要な物質ができ，これら
> はⓎ体外に排出される。

(1) 文中の下線部Ⓧについて，①・②に答えなさい。

① ヒトのからだでは，血液は全身を循環している。この循環のうち肺
循環の経路として最も適当なものを，次のア〜エから１つ選びなさい。

ア 心房→肺動脈→肺→肺静脈→心室
イ 心房→肺静脈→肺→肺動脈→心室
ウ 心室→肺動脈→肺→肺静脈→心房
エ 心室→肺静脈→肺→肺動脈→心房

〔 　 〕

② 循環している血液のうち，酸素を多く含んだ血液を何というか，書
きなさい。

〔 　 〕

(2) 文中の下線部Ⓨについて，次の文はヒトの尿が
体外に排出されるしくみについて述べたものであ
り，図はヒトのじん臓の断面を模式的に表したも
のである。文中の（ A ），（ B ）にあてはまる名
称を，それぞれ書きなさい。

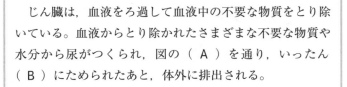

図
動脈
静脈
(A)
(B)へ

> じん臓は，血液をろ過して血液中の不要な物質をとり除
> いている。血液からとり除かれたさまざまな不要な物質や
> 水分から尿がつくられ，図の（ A ）を通り，いったん
> （ B ）にためられたあと，体外に排出される。

A〔 　 〕 B〔 　 〕

3 図のペットボトルの下部につけたゴム膜を手で下に引
くと，肺にみたてたゴム風船がふくらんだ。ペットボ
トルの下部につけたゴム膜は，ヒトの体の何にあたる
か，書きなさい。〈群馬県・改〉

よくでる

〔 　 〕

図
ペットボトル　ゴム風船
ゴム膜
↓引く

3 植物のつくりとはたらき

栄光の視点

 この単元を最速で伸ばすオキテ

▷ 花は種子をつくるためのしくみである。

中心から「めしべ→おしべ→花弁→がく」の順になっているものが多い。（図1）

- めしべ＝柱頭＋花柱＋子房（中に胚珠がある）
  柱頭…めしべの先端部。ここに花粉がつくことを受粉という。
  子房（被子植物のみ）…受精後，（受精すると）果実になる。
  胚珠…受精後，（受精すると）種子になる。
- おしべ＝花糸＋やく　　※やくには，花粉が入っている。
- 花弁（花びら）…目立つ色と形で，受粉を助ける昆虫などを引きつける。
- がく…つぼみを保護する。タンポポでは，綿毛のような形。

図1

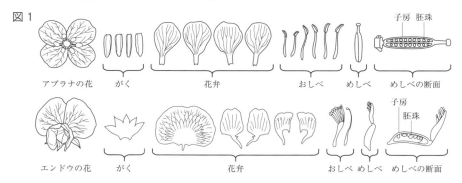

▷ 光合成と呼吸は逆向きの化学変化である。

夜：呼吸のみ→酸素を吸収して，二酸化炭素を排出する。
昼：呼吸＋光合成→光合成量が呼吸量を上回ると，二酸化炭素を吸収して，酸素を排出するようになる。

覚えておくべきポイント

▷ **道管と師管が集まったものが維管束。根→茎→葉とつながっている（図2）**

図2

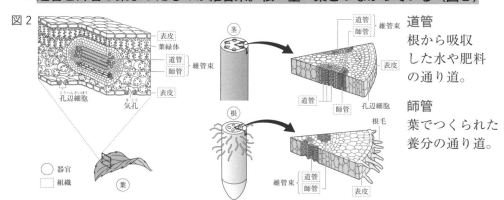

道管
根から吸収した水や肥料の通り道。

師管
葉でつくられた養分の通り道。

※植物の体の循環には水が必要。水の入り口は根，出口は気孔（蒸散）。

　根毛…根の先端よりも少しもとの部分。綿毛のような細かい根。**表面積を大きく**
　　　　することで，多くの水や肥料をとりこむことができる。

　気孔…２つの孔辺細胞に囲まれたすきま。二酸化炭素や酸素も出入りする。

▣ **光合成は細胞の中の葉緑体で行われる**

　デンプンは水にとける糖に変えられて運ばれる。

 先輩たちのドボン

▣ **裸子植物の花のイメージがつかめません**

　花弁やがくがない。子房がないので，花粉は胚珠に直接ついて受粉する。

要 点

☑ **蒸散量を確かめる実験（図３）**

　水の減少量を比較して，蒸散量を確かめる。

　水面と植物の表面（茎・葉の裏・葉の表）の４か所について考える。

　水面に油を浮かせることで，水面からの蒸散は防ぐことができる。

　葉の裏からの蒸散量＝Ⓒ－Ⓑ

　葉の表からの蒸散量＝Ⓒ－Ⓐ

Ⓐ 油 水 葉の裏にワセリンをぬる。　Ⓑ 葉の表にワセリンをぬる。　Ⓒ そのまま水にさす。

図３　蒸発量を確かめる実験

☑ **光合成量と呼吸量を比べる実験（図４と右下の表）**

BTB液を加えた弱いアルカリ性の水に息を吹き込んで緑色（中性）にしたものを使う。

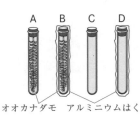

A B C D

オオカナダモ　アルミニウムはく

試験管	A	B	C	D
BTB液の色	青色	黄色	緑色	緑色
減少した気体	二酸化炭素	酸素	なし	なし
増加した気体	酸素（気泡）	二酸化炭素	なし	なし
水草のはたらき	光合成量>呼吸量	呼吸だけ	なし	なし

図４　光合成量と呼吸量を比べる実験

Aで発生した気泡に線香の火を近づけると，激しく燃える。→気泡は酸素である。

Aのオオカナダモを脱色してヨウ素液をたらすと，青紫色になる。→デンプンができた。

※１つの条件以外を同じにして結果を比較する実験を対照実験という。

問題演習

1 インゲンマメの呼吸と光合成について調べるために，次の実験を行った。あとの各問いに答えなさい。

〈兵庫県・改〉

［実験］葉の枚数や大きさが同じインゲンマメの鉢植えを2つ用意し，それぞれに透明なポリエチレンの袋X，Yをかぶせて袋に息をふきこみ，XとYの中の気体の量が同じになるようにして密封した。図のように，Xのインゲンマメは光が当たるように屋内の窓ぎわに置き，また，Yのインゲンマメは光が当たらないように箱に入れて置いた。

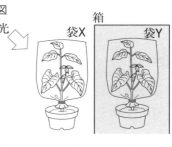

図

表

	袋の中の二酸化炭素の体積の割合 [%]			
	13時	15時	17時	19時
袋X	0.80	0.50	0.40	0.40
袋Y	0.80	0.95	1.05	1.15

表は，実験を開始した13時から2時間おきに，それぞれの袋の中の二酸化炭素の体積の割合を，気体検知管を用いて測定した結果である。ただし，XとYのインゲンマメが呼吸によって出している二酸化炭素の量は同じであるとする。

(1) 表から，13時，15時，17時からのそれぞれ2時間における，インゲンマメの呼吸と光合成について考察した文として適切なものを，次のア〜エから1つ選びなさい。

ア インゲンマメが呼吸で出した二酸化炭素の量は，13時，15時，17時からのどの2時間においても一定である。

イ 17時からの2時間は，インゲンマメは呼吸をしていない。

ウ 15時からの2時間において，Xのインゲンマメが光合成でとり入れた二酸化炭素の量と呼吸で出した二酸化炭素の量は等しい。

エ Xのインゲンマメは，13時からの2時間において，最もさかんに光合成をしている。

［　　　　］

🔔思考力 (2) この実験の13時から19時までの6時間における，次の①，②の量は，それぞれ袋の中の気体の体積の何%か，適切なものを，あとのア〜オからそれぞれ1つ選びなさい。

① Xのインゲンマメが呼吸で出した二酸化炭素

② Xのインゲンマメが光合成でとり入れた二酸化炭素

ア 0.00%　　イ 0.05%　　ウ 0.35%　　エ 0.40%　　オ 0.75%

①［　　　　］ ②［　　　　］

2 植物の花のつくりを調べる目的で観察を行った。これについて，下の(1)〜(4)に答えなさい。　〈島根県・改〉

［観察］アブラナの花を分解したところ，図のようになった。

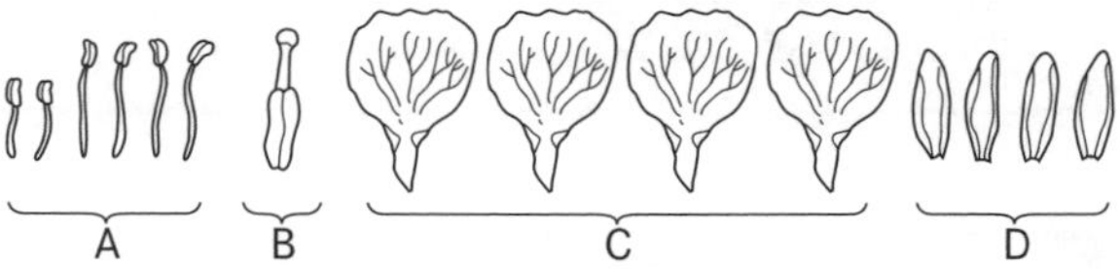

A　B　C　D

✔必ず得点 (1) 図のDは何というか，その名称を書きなさい。　〔　　　　〕

(2) 図のA〜Dを，花の中心から外側に向かって並べたとき，その順番を記号で答えなさい。

〔(中心)　　　→　　　→　　　→　　　(外側)〕

🔔思考力 (3) 図のCは多くの花の種類において，一般的に色あざやかで目立ちやすい。その理由について，植物が受粉するしくみを考えて説明しなさい。

〔　　　　　　　　　　　　　　　　　　　　　　　　　　〕

🔔思考力 (4) 一つの花の中に含まれる胚珠の数が最も多いものはどれか，次のア〜エから1つ選びなさい。

ア　メロン　　イ　サクラ　　ウ　イネ　　エ　アブラナ　〔　　　　〕

3 アジサイを用いて，葉の表側と裏側からの蒸散について調べた。葉の大きさと枚数，茎の太さと長さが同じ枝I〜Kを準備した。ワセリンを，Iにはすべての葉の表側だけにぬり，Jにはすべての葉の裏側だけにぬり，Kにはどこにもぬらなかった。図のように，I〜Kをそれぞれ水にさして水面に油をたらし，同じ条件で40分置いた。減った水の量を調べ，結果を表に記入した。ただし，減った水の量と蒸散の量は等しいものとする。〈長野県・改〉

図
アジサイ
油
水

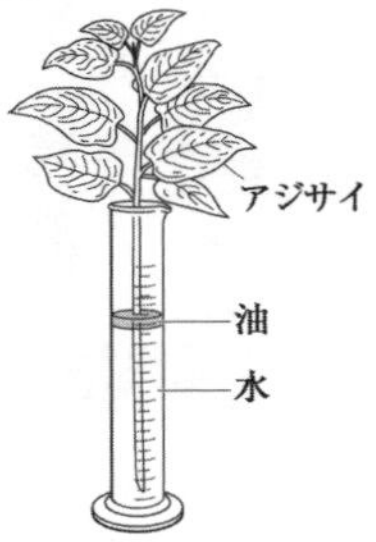

表

	I	J	K
減った水の量(mL)	2.5	1.3	3.0

(1) ワセリンをぬった理由を示した次の文の き に当てはまる適切な語句を書きなさい。

> ワセリンで，葉の表皮の2つの孔辺細胞に囲まれた き とよばれるすきまをふさぎ，蒸散が行われないようにするため。

〔　　　　〕

⚙よくでる (2) 次の量は何 mL か，小数第1位まで求めなさい。

① すべての葉の表側だけからの蒸散の量　〔　　　mL〕

② すべての葉の裏側だけからの蒸散の量　〔　　　mL〕

4 植物の分類

栄光の視点

この単元を最速で伸ばすオキテ

⮑ 双子葉類と単子葉類，シダ植物とコケ植物のつくりのちがいは，セットで整理しておぼえておこう。

覚えておくべきポイント

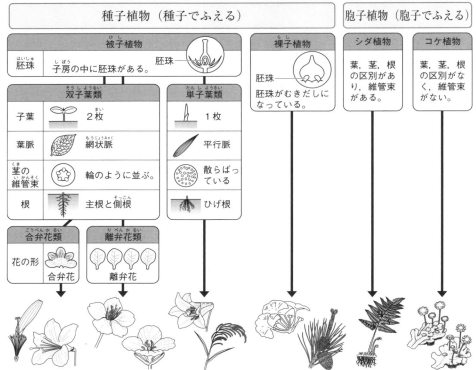

・植物とは，葉緑体をもち光合成を行う生物のこと。

・離弁花類と合弁花類は双子葉類の分類，双子葉類と単子葉類は被子植物の分類である。

⮑ **シダ植物とコケ植物のちがい**

	からだのつくり	胞子のう	水や養分の吸収	例
シダ植物	維管束がある	葉の裏など	根から	イヌワラビ，スギナ，ゼンマイなど
コケ植物	維管束がない	雌株にある	からだの表面全体から	スギゴケ，ゼニゴケ，エゾスナゴケなど

問題演習

1 植物の体のつくりに興味を持った太郎さんは，理科の授業で，シダ植物とコケ植物の特徴をまとめることにした。まず，図1のような，シダ植物とコケ植物の特徴を書いたカードを用意した。次に，図2のように，黒板に円を二つかき，シダ植物だけに当てはまるカードをAの場所に，コケ植物だけに当てはまるカードをCの場所に，シダ植物とコケ植物の両方に当てはまるカードをBの場所に，それぞれ貼り付けた。

次に，理科室で育てているコケ植物のスギゴケをルーペで観察しようとしたところ，図3のXの部分が，Pのように，乾燥して縮れていた。そこで，太郎さんは，コケ植物の，水の吸収と移動に関する特徴について学んだことを生かし，図3のXの部分を，Qのように，水を含んだ状態にもどしてから観察した。

〈愛媛県〉

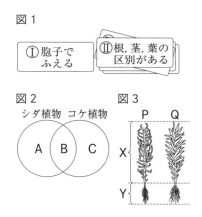

図1

① 胞子でふえる　　Ⅱ 根，茎，葉の区別がある

図2　シダ植物　コケ植物

A　B　C

図3　P　Q
X
Y

(1) 図1のⅠとⅡのカードは，それぞれ図2のA〜Cのどの場所に貼り付ければよいか。A〜Cから1つずつ選びなさい。

Ⅰ〔　　　〕　Ⅱ〔　　　〕

🔔思考力 (2) 次の文の①，②の｜　｜の中から，それぞれ適当なものを1つずつ選び，ア〜エの記号で書け。

> コケ植物の体には，維管束が①｜ア　ある　イ　ない｜。また，図3のXの部分を，PからQの状態にするためには，②｜ウ　Xの部分　エ　Yの部分｜を水で湿らせるとよい。

①〔　　　〕　②〔　　　〕

2 被子植物は子葉の数から単子葉類と双子葉類に分類することができる。単子葉類と双子葉類について，次の(1)，(2)の問いに答えなさい。　　　　　　〈新潟県〉

✔必ず得点 (1) 文中の [X]，[Y] に当てはまる語句の組み合わせとして，最も適当なものを，次のア〜エから1つ選びなさい。

> 単子葉類の葉脈は [X] に通り，根は [X] からなる。

ア　X　網目状　　Y　主根と側根
イ　X　網目状　　Y　たくさんのひげ根
ウ　X　平行　　　Y　主根と側根
エ　X　平行　　　Y　たくさんのひげ根　　　　　　　〔　　　〕

(2) 双子葉類に分類される植物として，最も適当なものを，次のア〜オから1つ選びなさい。
ア　トウモロコシ　　イ　ツユクサ　　ウ　マツ
エ　ゼンマイ　　　　オ　アブラナ　　　　　　　　　〔　　　〕

3 エンドウ，イヌワラビ，スギゴケとゼニゴケを図のように2つの観点で分類した。観点①と②のそれぞれにあてはまるものを，次のア〜カの中から1つずつ選びなさい。　　　　　　〈福島県・改〉

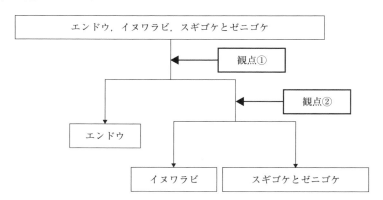

ア　子葉は1枚か，2枚か
イ　維管束があるか，ないか
ウ　胚珠は子房の中にあるか，子房がなくてむき出しか
エ　花弁が分かれているか，くっついているか
オ　種子をつくるか，つくらないか
カ　葉脈は網目状か，平行か

　　　　　　　　　　　　　　　　①〔　　　〕　②〔　　　〕

4 図のように，ゼニゴケ，イヌワラビ，イチョウ，ツユクサ，アブラナを，それぞれの特徴をもとにa〜dに分類した。後の問いに答えなさい。〈群馬県・改〉

(1) 図中のaとbは，どのような体のつくりの特徴をもとに分類したか，書きなさい。

〔　　　　　　　　　　　　　　　　　　　　　　　〕

(2) 図中のcとdは，子孫のふやし方をもとに分類した。
dに分類できる植物を，次のア〜エからすべて選びなさい。
　ア　スギナ　　イ　スギゴケ　　ウ　アサガオ　　エ　ソテツ

〔　　　　　〕

(3) 図中のツユクサとアブラナを比較したとき，アブラナのみに見られる特徴を，次のア〜エから1つ選びなさい。
　ア　主根と側根がある。　　イ　葉脈が平行に並ぶ。
　ウ　子葉が1枚である。　　エ　子房がある。　　　　〔　　　　　〕

5 表は，植物をその特徴からなかま分けしたものである。　〈兵庫県〉

表	花が咲かない		花が咲く			
					D	
				単子葉類	双子葉類	
	A	B	C		E	F
植物の例	ゼニゴケ スギゴケ	ゼンマイ ①	イチョウ マツ	ツユクサ ②	エンドウ アブラナ	タンポポ ③

(1) 表のA〜Fについて説明した文として適切なものを，次のア〜エから1つ選びなさい。
　ア　種子ではなく胞子でふえるのは，Aのみである。
　イ　CとDには維管束があるが，AとBにはない。
　ウ　CとDでは葉脈の通り方が異なり，Dの葉脈は網目状に通る。
　エ　EとFは花弁のつき方による分類であり，Fは合弁花類である。

〔　　　　　〕

(2) 表の①〜③に入る植物の組み合わせとして適切なものを，次のア〜エから1つ選びなさい。
　ア　①スギナ　②ササ　③サクラ　　イ　①スギナ　②ササ　③ツツジ
　ウ　①ササ　②スギナ　③サクラ　　エ　①ササ　②スギナ　③ツツジ

〔　　　　　〕

5 生物どうしのつながり

栄光の視点

この単元を最速で伸ばすオキテ

◫ 食物連鎖と数量的な関係をしっかり理解する。
- ・生産者である植物が最も多く，草食動物，肉食動物の順に少なくなる。
- ・一時的な増減があっても，長期的にはつり合いが保たれる。
  → **外来生物**やその他の環境（気候や地形）の大きな変化により，もとにもどらなくなると，**多様性**が失われ，一部の生物は**絶滅**の危機に陥る。
◫ 重要語句を関連づけて覚える。
- ・**食物連鎖**…「食べる，食べられる」のつながりが鎖のようになっている関係。
- ・**食物網**…食物連鎖が網の目のようにからみ合うつながり。
- ・**生産者**…無機物から有機物をつくり出す生物。
- ・**消費者**…他の生物を食べることで有機物を取り入れる生物。（草食動物・肉食動物）
- ・**分解者**…有機物を無機物に分解するもの。（菌類や細菌類などの微生物）
  ミミズやダンゴムシも死骸や排出物を食べるので分解者といえる。

📘 覚えておくべきポイント

◫ **対照実験の考え方をおさえておく**
  他の条件を同じにして，微生物のはたらきによる変化を比べる。
◫ **微生物（分解者）も消費者と同じ役割を担っている**
  分解者も生産者がつくり出した有機物をとり入れるので，消費者である。
  有機物（デンプン，タンパク質など）＋酸素→無機物（二酸化炭素，窒素化合物など）＋水
◫ **物質の循環を理解しておく**
- ・炭素…有機物，二酸化炭素として。
- ・酸素…すべての生物が呼吸で吸収する。
- ・窒素…からだをつくるタンパク質に含まれている。分解者によって無機物になり，肥料として生産者に吸収される。

問題演習

1 次の図は，自然界における物質の循環を模式的に表したものである。図中の生物A，B，C，Dは，菌類・細菌類，植物，草食動物，肉食動物のいずれかであり，矢印は有機物または無機物の流れを示している。このことについて，下の(1)〜(3)の問いに答えよ。〈高知県・改〉

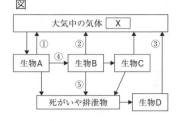

図

(1) 図中の生物A，Dに当てはまる生物の組み合わせとして最も適切なものを，次のア〜エから1つ選びなさい。

　ア　生物A—植物　　生物D—肉食動物

　イ　生物A—植物　　生物D—菌類・細菌類

　ウ　生物A—菌類・細菌類　　生物D—草食動物

　エ　生物A—草食動物　　生物D—菌類・細菌類　　〔　　　　〕

(2) 図中の①〜⑤の矢印のうち，有機物の流れを表しているものはどれか。図中の①〜⑤からすべて選びなさい。　　〔　　　　〕

(3) 図中の　X　に当てはまる気体は何か，書きなさい。　〔　　　　〕

2 土の中の微生物のはたらきを調べるために実験を行った。〈長崎県・改〉

【実験】図のように容器Xには落ち葉の下の土を，容器Yにはじゅうぶんに加熱したのち冷ました落ち葉の下の土をそれぞれ100 g入れた。次に，それぞれの容器に，うすいデンプン溶液200mLを入れ，ふたを閉めて25℃の暗い場所においた。数日後，それぞれの容器内の二酸化炭素の割合とデンプンの量を調べると，容器Yよりも容器Xの方が二酸化炭素の割合が高く，デンプンの量は少なかった。

図

(1) 実験において，下線部の操作を行う理由について説明した次の文の（　①　），（　②　）に適する語句を書きなさい。

> 土の中のカビやキノコのような（　①　）類や乳酸菌のような（　②　）類などの微生物の量を減らして，加熱しなかった場合と比較するため。

①〔　　　〕 ②〔　　　〕

(2) 実験の結果をもとに，土の中の微生物のはたらきを説明しなさい。ただし，説明には無機物，有機物という語句を用いなさい。

〔　　　　　　　　　　　　　　　　　　　　　　　　　　　　　　〕

6 生物の観察と器具の使い方

栄光の視点

この単元を最速で伸ばすオキテ

- 鏡筒上下式顕微鏡・ステージ上下式顕微鏡と双眼実体顕微鏡の使い方を覚える。
- ルーペは野外に持ち出すことができる。双眼実体顕微鏡は，プレパラートを作る必要がなく，立体的に観察するのに適している。

覚えておくべきポイント

- **ルーペと目の距離はそのままで，ルーペと観察するものとの距離を調節する**
- **顕微鏡は明るいが直射日光のあたらない所で使う**

プレパラート…スライドガラスにカバーガラスを，気泡が入らないように端からゆっくりかぶせる。

顕微鏡の倍率＝接眼レンズの倍率×対物レンズの倍率

レンズの長さ…接眼レンズは短い方，対物レンズは長い方が，倍率が高い。

視野…上下左右逆に見えるため，視野を調節するときに気をつける。

要点

☑ **鏡筒上下式顕微鏡・ステージ上下式顕微鏡の使い方**

(1)接眼レンズを対物レンズより先に設置する。（レンズの中にほこりが入らないようにするため）

(2)対物レンズをいちばん低倍率にする。

(3)反射鏡を調節して，視野を均一に明るくする。

(4)プレパラートをステージにのせる。

(5)横から見ながら調節ねじを回し，プレパラートと対物レンズをできるだけ近づける。

(6)接眼レンズをのぞきながら調節ねじを(5)と逆に回し，ピントを合わせる。

(7)レボルバーを回して，対物レンズをさらに高倍率にすると，

　①視野がせまくなる→あらかじめ観察したいものを視野の中央に置いておく。

　②視野が暗くなる。→しぼりを回して明るさを調節する。

顕微鏡のつくり

視度調節リング
接眼レンズ
鏡筒
調節ねじ
そ動ねじ
対物レンズ
クリップ
ステージ板
アーム
レボルバー
ステージ
しぼり
反射鏡

〈双眼実体顕微鏡〉　〈ステージ上下式顕微鏡〉

☑ **双眼実体顕微鏡の使い方**

(1)左右の視野が重なって１つになるように，鏡筒を両目の間隔に合わせる。そ動ねじでゆるめて鏡筒を上下させてピントを合わせる。

(2)右目だけで微動ねじ，左目だけで視度調節リングを使い，ピントを合わせる。

問題演習

1 次の図は，顕微鏡でゾウリムシを観察したときの視野とプレパラートを示した模式図です。視野の左上に見えているゾウリムシを視野の中央に動かしたいとき，プレパラートをどの方向に動かせばよいですか。**ア～エ**のうちから，最も適当なものを一つ選び，その記号を書きなさい。 〈岩手県〉

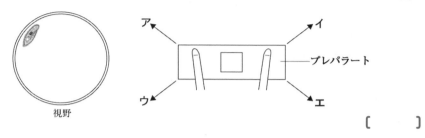

視野

〔　　　　〕

2 次の文は，観察に用いる顕微鏡の操作について述べたものである。（　①　），（　②　）に適する語句を書きなさい。 〈福島県・改〉

✔ 必ず得点

> ピントを合わせるときは，接眼レンズをのぞきながら，調節ねじを回して対物レンズとプレパラートを（　①　）ていき，観察したいものがはっきり見えるところでとめる。また，レボルバーを回して，低倍率から高倍率の対物レンズにすると，視野は（　②　）なるので，見やすくなるようにしぼりを調節する。

①〔　　　　　〕　②〔　　　　　〕

3 図の双眼実体顕微鏡を使うとき，最も適切な操作の順になるように，次の**ア～エ**を左から並べて，記号を書きなさい。 〈長野県・改〉

図

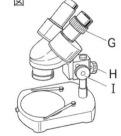

ア　左目だけでのぞき，Gでピントを合わせる。

イ　Hをゆるめ，鏡筒を上下させて両目でおよそのピントを合わせる。

ウ　右目だけでのぞき，Iでピントを合わせる。

エ　両目の間隔に合うように鏡筒を調節し，左右の視野が重なって，1つに見えるようにする。

〔　　　→　　　→　　　→　　　〕

117

7 動物のなかまと生物の進化

栄光の視点

 この単元を最速で伸ばすオキテ

▷ セキツイ動物の5つのグループのうち, 地球上に最初に現れたのは魚類。その後, 魚類→両生類→ハチュウ類・ホニュウ類と進化した。
└→鳥類

肺を持つ魚類の化石…水中生活から陸上生活へ

始祖鳥…ハチュウ類の特徴（つばさの中ほどにツメがある。口に歯がある）と鳥類の特徴（羽毛がある）をあわせもつ。

▷ 相同器官は, 基本的なつくりに共通点があるが, 現在の形やはたらきが異なる器官。進化の証拠となる。

覚えておくべきポイント

▷ **セキツイ動物の5つのグループの特徴は, 進化と生活環境に関連付けて覚えよう**

	魚類	両生類	ハチュウ類	鳥類	ホニュウ類
生活場所	水中	水中／陸上	陸上		
移動のための器官	ひれ	ひれ／あし	あし		
呼吸器官	えら	えら／肺	肺		
体温調節	変温動物			恒温動物	
体表	うろこ	粘膜	うろこ	羽毛	毛
子のうまれ方	卵生（水中／殻がない）		卵生（陸上／殻がある）		胎生
例	サケ メダカ	イモリ カエル サンショウウオ	ヘビ・ワニ カメ ヤモリ	ワシ ペンギン ニワトリ	ネズミ クジラ コウモリ

▷ **無セキツイ動物も理解しておく**

軟体動物…外とう膜をもつ。イカ, タコ, 貝類など。

節足動物…外骨格でおおわれている。昆虫類, 甲殻類, クモ類など。

その他…ウニ, ヒトデ, ナマコ, クラゲ, イソギンチャク, ミミズなど。

問題演習

1 図1のように，おもてにA〜Gのいずれかの記号，うらにイモリ，ハト，ザリガニ，メダカ，ウサギ，アサリ，トカゲのいずれかの動物の名称が書かれたカードがある。動物の特徴をもとにこれらのカードを図2のように分類し，下の①〜③のヒントを示した。

〈鹿児島県・改〉

図1

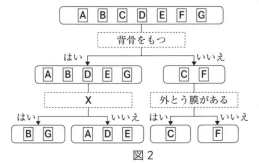

図2

（ヒント）

> ①カードAの動物は，トカゲである。
> ②カードBの動物は，移動のための器官としてひれをもち，体表はうろこでおおわれている。
> ③カードDの動物は，移動のための器官としてあしをもち，子を乳で育てる。

(1) カードCの動物は何か。書きなさい。

〔　　　　　　　〕

(2) 図2の X にあてはまるものを，次のア〜エから1つ選びなさい。

ア　恒温動物である。　　　　　イ　変温動物である。

ウ　陸上に殻をもつ卵をうむ。　エ　水中に殻のない卵をうむ。

〔　　　　　〕

よくでる (3) A〜Gのカードの動物について考えたあと，始祖鳥の復元図を見ながら始祖鳥の特徴についてまとめた。次の文章中の a にあてはまるA〜Gの記号を書きなさい。また， b にあてはまることばを書きなさい。

> 始祖鳥には，カード a の動物のようにつばさがあり，羽毛をもつなど，鳥類の特徴がある。ほかにも，つばさの中ほどには3本のつめがあり，口には歯があるなど，始祖鳥には， b 類の特徴もある。このような鳥類と b 類の両方の特徴をもつ生物の存在から，鳥類は b 類から進化してきたと推測されている。

a〔　　　〕　　b〔　　　　　〕

8 動物の行動としくみ

栄光の視点

この単元を最速で伸ばすオキテ

☞ 感覚器官は刺激を受け取って，電気的な信号として伝える。

感覚器官	目	耳	鼻	舌	皮ふ
感 覚	視覚	聴覚	嗅覚	味覚	触覚
受け取る刺激	光	音	におい	味	圧力・痛みなど
感覚細胞の場所	網膜	うずまき管	鼻腔の奥	表面の粘膜上	（全身）

☞ 反射は意識とは無関係な反応。

脳（大脳）を通さないので，反応までの時間が短い。

→とっさの場合の危険をかわすのにつごうがよい。

▼熱いものに触れて，思わず手を引っこめた。

　　皮膚 → 感覚神経 → せきずい → 運動神経 → 腕の筋肉

▼明るいところに出たら，ひとみが小さくなった。

　　意識でコントロールできない，特別な反射のひとつ。

覚えておくべきポイント

☞ **神経系は全身にはりめぐらされている（図1）**

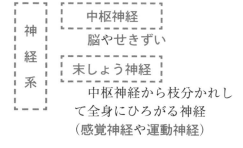

神経系
- 中枢神経
  脳やせきずい
- 末しょう神経
  中枢神経から枝分かれして全身にひろがる神経
  （感覚神経や運動神経）

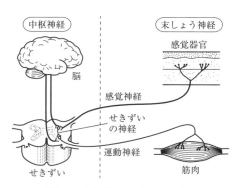

図1　中枢神経と末しょう神経

⤵ 筋肉のつきかたと関節の動き（図2）

・うでの筋肉はけんで関節を
またいで肩側の骨と手首側
の骨につながっている。

・筋肉は縮むことができる。

・1つが縮むともう1つが
ばされるので，うでを曲げ
たりのばしたりできる。

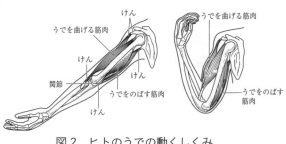

図2 ヒトのうでの動くしくみ

💣 先輩たちのドボン

⤵ 反射とそれ以外の反応の区別で迷うことがある

「無意識に」とあったら，反射と考える。

状況や経験によって，違う反応が考えられる場合は，反射ではない。

要 点

☑ 目のしくみ（図3）

ひとみから入った光はレンズを通っ
て網膜の上に像を結ぶ。左右に2つ
ある目で，物との距離をとらえるこ
とができる。

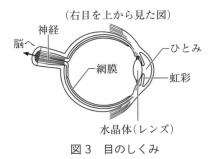

図3 目のしくみ

☑ 耳のしくみ（図4）

空気の振動（音）が鼓膜を振動させ，
耳小骨によってうずまき管へ伝えら
れる。左右に2つある耳で，音の来
る方向を知ることができる。

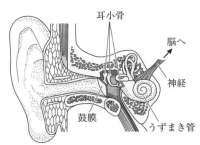

図4 耳のしくみ

☑ 意識して起こる反応にかかる時間をはかる。

・右手をにぎられたら左手をにぎる。何人かで手をつなぎ，全体の時間を人数で割る。

　　　手の皮膚→ 感覚神経 →せきずい→脳→せきずい→ 運動神経 →手の筋肉

・ものさしが落ちるのを見てからつかむまでの時間は，物差しが落ちた距離から求めることが
できる。

　　　目→ 感覚神経 →脳→せきずい→ 運動神経 →手の筋肉
　　　※脳に近い目や耳からの信号は，せきずいを経由せずに，直接脳に伝わる。

問題演習

1 感覚器官で刺激を受けとってから反応するまでの時間を調べるために，次の実験を行った。

〈徳島県・改〉

実験

① 図1のように，じ
ろうさんは長さ30cm
のものさしの上端を
持ち，みかさんはも
のさしにふれないよ
うに0の目盛りの位
置に指をそえた。

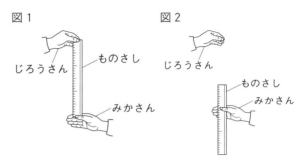

② じろうさんは合図なしにものさしを落とした。

③ 図2のように，
みかさんはもの

	1回目	2回目	3回目	4回目	5回目
ものさしが落ちた距離(cm)	20.3	20.9	19.2	17.4	17.2

さしが落ち始めるのを見たら，すぐにものさしをつかんだ。

④ ものさしが何cm落ちたところでつかめたかを読みとり，記録した。

⑤ ①〜④を合計5回繰り返した。表はその結果をまとめたものである。

よくでる
(1) 実験 で，みかさんの体において，信号
が目から手の筋肉まで伝わる経路を，図
3のA〜Fから必要な記号を選び，左か
ら順に並べて書きなさい。

図3

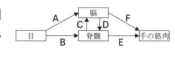

〔   〕

(2) 図4は，ものさしが落ちた距離とものさし
が落ちるのに要する時間との関係を表してい
る。 実験 の結果の平均値を求め，その平均
値をもとに，みかさんが，ものさしが落ち始
めるのを見てからつかむまでにかかる時間
を，図4から読み取って書きなさい。

図4

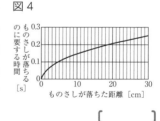

〔   〕

(3) 熱いものにふれたときに思わず手を引っこめるような反応を反射とい
う。反射は，刺激に対して無意識に起こる反応であり，意識して起こす
反応に比べて，刺激を受けてから反応するまでの時間が短い。このよう
なことから，反射はヒトの体にどのように役立っていると考えられるか，
書きなさい。

〔

2 動物のからだについて，(1)～(3)の各問いに答えなさい。　〈佐賀県・改〉

> 　チカさんは，ビルの6階のうす暗い廊下を歩いてエレベーターの前に来た。エレベーターを呼ぶボタンを押し，待っている間に持っていた鏡で@自分の顔を見ていた。エレベーターの到着を知らせる「ポーン」という⑥音が聞こえ，目の前のドアが開いたので，エレベーターに乗り込んだところ，エレベーターの中は廊下よりも明るかった。行き先の階のボタンを押し，エレベーターが動き出した。エレベーターの壁の一部が鏡になっていたので，もう一度©自分の顔を見た。

(1)　下線部@について，図1はヒトの目を模式的に表したものである。目に入った光の像ができる部分と，その部分の名称の組み合わせとして最も正しいものを，次のア～カから1つ選びなさい。

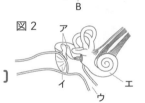

図1

　　ア　A・レンズ　　イ　A・網膜
　　ウ　B・レンズ　　エ　B・網膜
　　オ　C・レンズ　　カ　C・網膜

〔　　　〕

図2

(2)　下線部⑥について，①，②の問いに答えなさい。
　①　音は空気の振動である。空気の振動をはじめに受けとるのはどこか。最も適当なものを，図2のア～エから1つ選びなさい。

〔　　　〕

　②　振動の刺激を受けとって神経を伝わる信号を出す細胞があるのはどこか。最も適当なものを，図2のア～エから1つ選びなさい。

〔　　　〕

(3)　下線部©について，チカさんが下線部@で鏡を見たときと，下線部©で鏡を見たときでは，廊下よりもエレベーターの中のほうが明るかったため，チカさんのひとみの大きさは違っていた。図3は下線部@のときのひとみのようすである。下線部©でのひとみのようすとして適当なものを，次のア，イから1つ選びなさい。また，ひとみの大きさがそのように変化する理由を書きなさい。

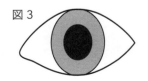　　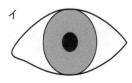

図3　　　　　　　　　　ア　　　　　　　　　イ

記号〔　　　〕

理由〔　　　　　　　　　　　　　　　　　　　　　　　　　　　　　　　　〕

9 生物と細胞

栄光の視点

 この単元を最速で伸ばすオキテ

⇨ 植物の細胞だけにあるものはよく出題される。

葉緑体…光合成を行う。すべての細胞にあるとは限らない。

細胞壁…細胞の形を維持し，骨格のない植物の体を支える。

発達した液胞…細胞の活動でできた物質や水が入っている。

覚えておくべきポイント

⇨ **植物の細胞と動物の細胞に共通するつくり（図1）**

核…ふつう1個の細胞に
1個ある。内部に染色
体がある。酢酸オルセ
イン液や酢酸カーミ
ン液などによく染ま
る。

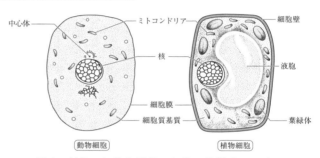

図1　植物の細胞と動物の細胞に共通するつくり

細胞質…細胞壁と核以外の部分。植物では，液胞や葉緑体もふくんだ部分になる。

細胞膜…細胞の外周を包む。

ミトコンドリア…細胞の呼吸を行う。

要　点

☑ **単細胞生物と多細胞生物**

単細胞生物…1個の細胞からなる生物。1個の細胞で生命活動を行っている。

　（例）ゾウリムシ，ミドリムシ，アメーバなど

多細胞生物…多数の細胞からなる生物。

　　　　　　細胞にはさまざまな形態が見られ，これが集まって組織をつくり，組織が集まっ
て器官をつくり，器官が集まって個体がつくられる。

　（例）ミジンコ，ヒト，オオカナダモ，ツユクサなど。

問題演習

1 生物のからだは，細胞からできている。このことについて，次の(1)～(3)の問いに答えなさい。

〈高知県・改〉

✓必ず得点 (1) ゾウリムシやミドリムシはただ一つの細胞からできている。このように，ただ一つの細胞からなる生物を何というか，書きなさい。

〔　　　　　　　　　　　〕

(2) 次の文は，動物や植物の個体のつくりについて述べたものである。　X　・　Y　に当てはまる語を書きなさい。

> 同じ形やはたらきをもったたくさんの細胞が集まったものを　X　という。いくつかの種類の　X　が組み合わさり，特定の形とはたらきをもつ部分を　Y　という。個体は，さまざまな　Y　が集まって構成されている。

X〔　　　　　　　　〕 Y〔　　　　　　　　〕

(3) 図は，オオカナダモの葉の細胞を模式的に表したものであり，図中のア～エは細胞のつくりのうち，核，細胞壁，細胞膜，葉緑体のいずれかを示している。次の①・②の文は，図中のア～エのいずれかの細胞のつくりについて説明したものである。①・②が説明している細胞のつくりとして適切なものを，それぞれ図中のア～エから一つ

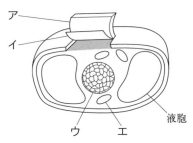

ずつ選びなさい。また，その細胞のつくりの名称を，核，細胞壁，細胞膜，葉緑体から選んでそれぞれ書きなさい。

① 植物細胞と動物細胞に共通してみられるつくりで，遺伝子を含んでおり，酢酸オルセイン液によく染まる。

記号〔　　〕 名称〔　　　　　　〕

② 植物細胞には見られるが，動物細胞には見られないつくりで，細胞質の一部である。

記号〔　　〕 名称〔　　　　　　〕

2 Ｙさんは，動物と植物の細胞のつくりを調べるために，顕微鏡で次の観察を行った。

〈山口県・改〉

［観察］
① ヒトのほおの内側を綿棒で軽くこすり，綿棒についたものをスライドガラスＡとＢにそれぞれこすりつけた。
② ツユクサの葉の裏側の表皮をはがし，スライドガラスＣとＤにそれぞれ１枚のせた。
③ スライドガラスＡ，Ｃに水を１滴ずつ落とし，カバーガラスをかぶせて，それぞれプレパラートＡ，Ｃとした。
④ スライドガラスＢ，Ｄに酢酸オルセイン液を１滴ずつ落とし，３分待ち，カバーガラスをかぶせて，それぞれプレパラートＢ，Ｄとした。
⑤ それぞれのプレパラートを顕微鏡で観察した。図１は，そのときの写真の一部である。

図1

プレパラートＡ	プレパラートＢ	プレパラートＣ	プレパラートＤ
水を落とした	酢酸オルセイン液を落とした	水を落とした	酢酸オルセイン液を落とした
0.05mm	0.05mm 赤く染まった丸いつくり	0.05mm	0.05mm 赤く染まった丸いつくり
ほおの内側の細胞		葉の裏側の表皮の細胞	

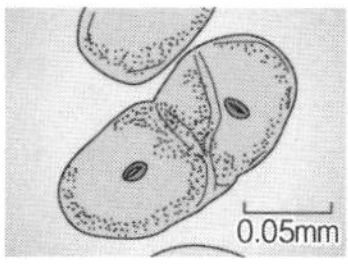

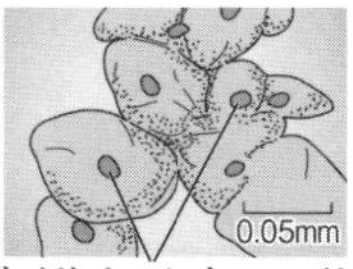

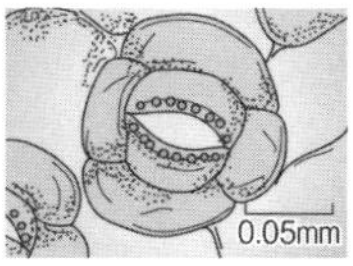

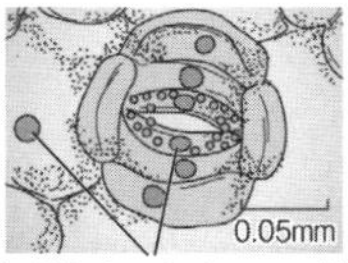

✔必ず得点 (1) 図１において，プレパラートＢとＤの細胞に共通して見られる「赤く染まった丸いつくり」を何というか。書きなさい。

〔　　　　　　　　〕

(2) 図２は，ＹさんがプレパラートＣを観察してかいたスケッチである。図２で，気孔にあたる部分をぬりつぶしなさい。

図2

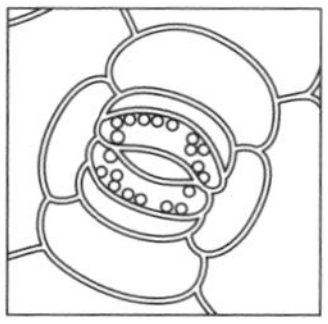

(3) Ｙさんは，プレパラートＡとＢの観察で，同じような形をした細胞ばかりが見られることに気がついた。多細胞生物のからだにおいて，ヒトのほおの内側のように，形やはたらきが同じ細胞の集まりを何というか。書きなさい。

〔　　　　　　　　〕

(4) Ｙさんは，［観察］の⑤で行った４枚のプレパラートの観察から，ヒトの細胞は，ツユクサの細胞に比べて細胞の境界の線がはっきりしていないことに気がついた。このことからわかる動物の細胞の特徴を，植物の細胞と比較して書きなさい。

〔　　　　　　　　〕

PART 4

地学分野

1 大地の変化 ……………………………… 128
2 気象観測と天気の変化 …………………… 133
3 地球の運動と天体の動き ………………… 138
4 火山 ……………………………………… 143
5 太陽と銀河系 …………………………… 148
6 空気中の水の変化 ……………………… 151
7 天体の見え方と日食・月食 ……………… 154
8 ゆれる大地 ……………………………… 159
9 大気の動きと日本の天気 ………………… 163

1 大地の変化

栄光の視点

この単元を最速で伸ばすオキテ

🖙 地層からわかることをしっかり整理しておく。

- 火山の噴火の回数…少なくとも，火山灰（凝灰岩）の層の数だけ過去に噴火があったと考えられる。
- 地層ができたときの海岸からの距離と海の深さ…土砂が川の水のはたらきによって運ばれ海底に積もる。つぶの小さいものほど沈むまで時間がかかり，遠くに運ばれる。
- 地層ができたときの環境と年代…環境がわかるのが示相化石，年代がわかるのが示準化石。地球の環境と生物は互いに影響し合ってきた。
- 地層にはたらいた力…力がやわらかい層にゆっくりはたらくとしゅう曲になる。力がかたい層に急にはたらくと断層になる。
- その場所で起きたことがらとその順番…ふつう下の層ほど古い。断層，不整合は，切られる方が古く，切る方が新しい。

📖 覚えておくべきポイント

🖙 **堆積岩…降り積もったものがおし固められてできた岩石**

堆積岩	れき岩	砂岩	泥岩	石灰岩	チャート	凝灰岩
堆積物	れき	砂	泥	生物（サンゴ，フズリナなど）の死がい	生物（ホウサンチュウなど）の死がい	火山灰や軽石など
特　徴	粒の直径が2mm以上	粒の直径が2mm～0.06mm	粒の直径が0.06mm以下	主成分は炭酸カルシウム	とても硬い。主成分は二酸化ケイ素	角ばった粒の鉱物を多く含む

🖙 **柱状図は標高をそろえて考える。**

地表からの深さで表された柱状図は，標高を計算して同じ数字でそろえるとよい。それぞれの地層の境界を線で結んで，つながりや傾きを考える。

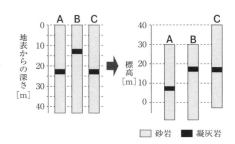

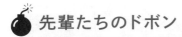

先輩たちのドボン

⤵ **かぎ層の見つけ方がわからない**

かぎ層とは，離れた場所の地層の新旧を決めるときの手がかりになる層。

火山灰の層，不整合面，同じ生物の化石が見つかる層などに着目し，前後の並び
を比較するとよい。

⤵ **川原には色や手ざわりのちがう石があるのはなぜ？**

地表の物質は循環していることを意識しよう。

山をつくる岩石（堆積岩または火山なら火成岩をふくむ）が風化，侵食され，土
砂になる。→土砂が川に落ち，水の流れのはたらきで運搬される。→海に出て堆
積し地層をつくり，押し固められて岩石になる。→隆起して山になる。（一部は
プレートに押しこまれてマグマになり，火山活動によって再び地上に出る。）

要点

☑ **示相化石と示準化石**

(1) 示相化石…サンゴ（あたたかく浅い海），シジミ（河口や湖などの汽水域），
　　　　　　　ホタテガイ（冷たい海）など。

(2) 示準化石…地質年代は，生物の移り変わりをもとに決められている。

　　フズリナ・三葉虫…古生代（5億4000万年前〜2億5000万年前）の示準化石

　　アンモナイト・恐竜…中生代（2億5000万年前〜6600万年前）の示準化石

　　ビカリア・ナウマンゾウ…新生代（6600万年前〜現在）の示準化石

☑ **地層のでき方**

流れる水のはたらきによって，れき，砂，泥が海や湖に運ばれる。

(1) 風化…気温の変化，雨，風によって岩石がもろくなる。

(2) 侵食…水のはたらきで岩石がけずられる。

(3) 運搬…水の流れによって土砂が下流へ運ばれる。

(4) 堆積…平野，湖，海に出て流れがゆるやかになると，土砂が積もるようになる。

※大雨や津波で水量が増すと，ふだん見られない大きな岩石が運搬されて堆積し，このこん跡
　が地層に残ることになる。

☑ **隆起と沈降**

海岸線から土砂が降り積もる海底までの距離が変化する。

(1) 隆起…標高が上がること。海水面に対して土地が上昇した。あるいは，海水面が下がった
　　　　　ことによる。

(2) 沈降…標高が下がること。海水面に対して土地が下降した。あるいは，海水面が上がった
　　　　　ことによる。

問題演習

1 由香さんと拓也さんは，学校の近くを流れるX川とY川の二つの川において，6地点の河原で見られた岩石を採集し，ルーペなどを使って岩石の種類を調べた。その後，X川とY川の周辺の地表に分布する岩石についてインターネットを利用して調べた。図は，岩石を採集したA～F地点と，地表に火山岩および堆積岩が分布する場所を示したものである。また，表は，A～F地点で採集した岩石の主な種類を示したものである。 〈熊本県〉

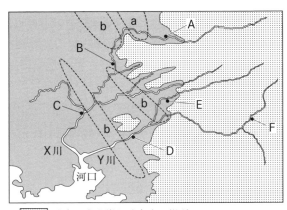

表

	採集した岩石の主な種類
A地点	砂岩，泥岩，安山岩
B地点	砂岩，泥岩，石灰岩，チャート，安山岩
C地点	砂岩，泥岩，石灰岩，チャート，安山岩
D地点	砂岩，泥岩，チャート，安山岩
E地点	砂岩，泥岩，安山岩
F地点	安山岩

▢ 地表に火山岩が分布する場所
▢ 地表に堆積岩が分布する場所
◠ 地表に特定の種類の堆積岩が分布する場所

✔必ず得点 (1) 下の①，②の（ ）の中からそれぞれ正しいものを一つずつ選び，記号で答えなさい。

> 採集した石灰岩とチャートのそれぞれに，うすい塩酸を数滴ずつかけたとき，表面から激しく気体が発生するのは①（ア．石灰岩　イ．チャート）である。また，発生する気体は②（ア．酸素　イ．二酸化炭素）である。

①〔　　　　〕②〔　　　　〕

🖊よくでる (2) 下の文の①の（ ）の中から正しいものを一つ選び，記号で答えなさい。また，　②　に適当なことばを入れなさい。

> 採集した砂岩をつくっている粒は，安山岩をつくっている粒と比べて，形が①（ア．角ばっている　イ．丸みをおびている）ものが多い。また，採集した砂岩と泥岩は，　②　によって区別することができる。

①〔　　　〕　②〔　　　　　　　　〕

調査を終えて，二人は次のような会話をした。

由香：X 川の C 地点や Y 川の D 地点のように，Ⓐ地表に堆積岩が分布する場所の河原で安山岩が見られたのはなぜかしら。

拓也：川の流れを考えるとわかるかもしれないよ。それに，採集した地点によって，堆積岩の種類がちがっていることも興味深いね。

由香：Ⓑ地表に特定の種類の堆積岩が分布する場所についても，もっとくわしく調べたいね。

(3) 下線部Ⓐについて，X 川の C 地点や Y 川の D 地点で安山岩が見られたのはなぜか。その理由を，川の流れをふまえて書きなさい。

[ ]

思考力 (4) 下線部Ⓑについて，表をもとに，図の ⌒⌒ で示した a，b の地表に分布する堆積岩の種類として適当なものをそれぞれ一つずつ選び，岩石名で答えなさい。ただし，a，b の地表にはそれぞれ特定の種類の堆積岩だけが分布し，図中の他の場所には分布していないものとする。

a [ ]　　b [ ]

2　道路沿いに 2 つの露頭 I，II が見られる図 1 のような地域の地層を調べるため，次の観察を行った。　　　　〈北海道〉

図1

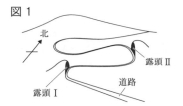

北

露頭 II

道路

露頭 I

<観察>露頭 I，II を観察したところ，いずれの露頭にも平行に重なった泥，砂，ⓐ火山灰の層が見られ，各露頭の火山灰の層のさまざまなところから火山灰を採集した。また，露頭 I では，ⓑ石灰岩の層が見られ，その層からサンゴの化石が見つかった。

よくでる (1) 下線部ⓐは，どの火山のいつごろの噴火によるものかがわかれば，地層ができた時代を知る手がかりになる。このような目印となる，特徴的な層を何というか，書きなさい。

[ ]

よくでる (2) 下線部ⓑがたい積した当時の環境について推定できることとして，最も適当なものを，ア～エから選びなさい。

ア　冷たくて浅い海　　　イ　冷たくて深い海
ウ　あたたかくて浅い海　　エ　あたたかくて深い海

[ ]

(3) 図2は，地層の観察の後に行われた授業の内容について，中学生がまとめたものの一部を示したものである。

① 次の文の⒤，⒤の（　）に当てはまるものを，それぞれア，イから選びなさい。

> 露頭Ⅰ，Ⅱにおいて，泥の層の上に砂の層が見られた。このことから，砂の層がたい積しはじめたときは，泥の層がたい積していたときと比べて，図2の河川Aの河口と露頭Ⅰ，Ⅱがあった場所との距離は⒤（ア．遠く　イ．近く）なり，たい積する粒子の大きさは⒤（ア．大きく　イ．小さく）なったと推定できる。

⒤〔　　　　〕　⒤〔　　　　〕

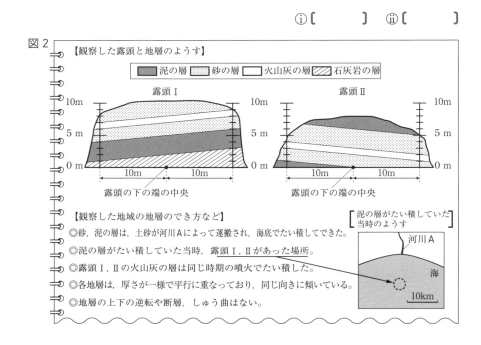

図2
【観察した露頭と地層のようす】

泥の層　砂の層　火山灰の層　石灰岩の層

露頭Ⅰ　　　　　露頭Ⅱ

露頭の下の端の中央

【観察した地域の地層のでき方など】
◎砂，泥の層は，土砂が河川Aによって運搬され，海底でたい積してできた。
◎泥の層がたい積していた当時，露頭Ⅰ，Ⅱがあった場所。
◎露頭Ⅰ，Ⅱの火山灰の層は同じ時期の噴火でたい積した。
◎各地層は，厚さが一様で平行に重なっており，同じ向きに傾いている。
◎地層の上下の逆転や断層，しゅう曲はない。

泥の層がたい積していた当時のようす

河川A

海

10km

思考力 ② 図3は，方眼紙を用いて，図2で示した露頭Ⅰ，Ⅱの下の端の中央の位置をそれぞれ示したものである。図3に示した地点Xにおける柱状図をかくとき，観察した火山灰の層と同じ火山灰の層は，地表から深さ何m～何mの範囲にあるか，書きなさい。なお，図3の（　）

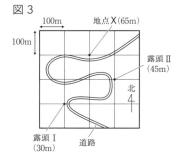

図3

100m

100m

地点X（65m）

露頭Ⅱ（45m）

北

露頭Ⅰ（30m）　道路

内の値は，各露頭の下の端の中央と地点Xの標高をそれぞれ示している。また，露頭Ⅰ，Ⅱの下の端は水平な地面となっており，いずれの露頭も地面に対し垂直な平面で，露頭Ⅰは真東に，露頭Ⅱは真西に向いているものとする。

〔　　　　　　　　　　　　　〕

2 気象観測と天気の変化

栄光の視点

💡 この単元を最速で伸ばすオキテ

↪ 空気は気圧の高いところから低いところへ移動し，風が生じる。

▼等圧線の間隔がせまいほど，強い風がふく。

▼低気圧…中心部が，周辺部より気圧が低い部分。反時計回りに風がふきこむ。
上昇気流が生じ，中心部ではくもりや雨になることが多い。

▼高気圧…中心部が，周辺部より気圧が高い部分。時計回りに風がふき出す。
下降気流が生じ，中心部では晴れることが多い。

📘 覚えておくべきポイント

↪ 温帯低気圧は前線をともなう。前線の特徴と天気の変化を押さえておこう

温暖前線…南側の暖気が寒気の上にはい上がるようにおしやりながら進む。
温暖前線が通過すると，長時間降っていた雨（乱層雲による）がやみ，風向が
南寄りになり，気温が急に上がる。

寒冷前線…北側の寒気が暖気の下にもぐりこむようにおし上げながら進む。
寒冷前線付近では，短時間に強い雨（積乱雲による）が降り，通過後は風向が
北寄りになり，気温が急に下がる。

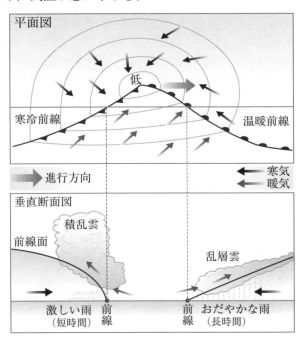

🔄 4種類の前線のちがいがよくわかりません

典型的な低気圧を伴う前線のでき方

停滞前線ができる ➡ 温暖前線と寒冷前線の区別ができる ➡ 閉そく前線ができる

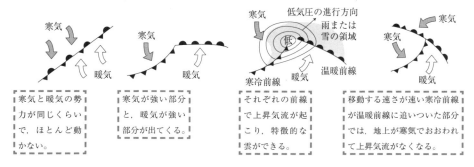

寒気と暖気の勢力が同じくらいで，ほとんど動かない。

寒気が強い部分と，暖気が強い部分が出てくる。

それぞれの前線で上昇気流が起こり，特徴的な雲ができる。

移動する速さが速い寒冷前線が温暖前線に追いついた部分では，地上が寒気でおおわれて上昇気流がなくなる。

要 点

☑ 気象観測

(1) 気温…風通しのよい日かげで，地上約 1.5m の高さで測る。

(2) 湿度…乾球温度計と湿球温度計の示度を読み取り，湿度表から湿度を求める。

(3) 雲量…空全体を見わたし，雲の占める割合を十分率で示したもの。
　　　快晴：0～1，晴れ；2～8，くもり：9～10

(3) 気圧…単位は hPa（ヘクトパスカル）。1気圧＝約 1013hPa。

(4) 風向…風がふいてくる方位。風上。16 方位で表す。

(5) 風力…風力階級表から，風力 0～12 の 13 段階で判断する。

(6) 雨量…降った雨水の深さ（mm）で表す。

☑ 天気図の記号

・天気図記号

天気	快晴	晴れ	くもり	雨	雪	あられ	ひょう
記号	○	①	◎	●	⊗	△	▲

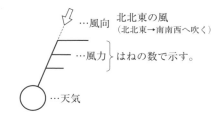

…風向　北北東の風
（北北東→南南西へ吹く）

…風力　はねの数で示す。

…天気

・等圧線…気圧の等しい地点をなめらかな曲線で結んだもの。4hPa ごとに実線，20hPa ごとに太線で表す。必要に応じて，2hPa ごとの線を点線で加えることがある。

・高気圧・低気圧…中心を「高」，「低」で示す。

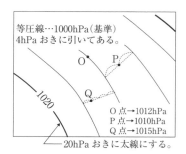

等圧線…1000hPa（基準）
4hPa おきに引いてある。

O 点→1012hPa
P 点→1010hPa
Q 点→1015hPa

20hPa おきに太線にする。

問題演習

1 日本国内の地点で，ある日，行った気象観測について，次の(1)〜(3)に答えなさい。

〈石川県〉

(1) 温度計で気温を測定するのに適した高さと場所を表1のようにまとめた。表1の（　）にあてはまる内容はどれか，次のア〜エから最も適切なものを1つ選び，その符号を書きなさい。

表1

高さ	地上1.5m
場所	（　　　）

ア　日なたで，風通しのよい場所　　イ　日なたで，風の当たらない場所
ウ　日かげで，風通しのよい場所　　エ　日かげで，風の当たらない場所

[　　　]

よくでる (2) 図1は，観測を行ったときの乾湿計の一部を示している。このときの湿度は何％か，図1から読み取って書きなさい。

図1

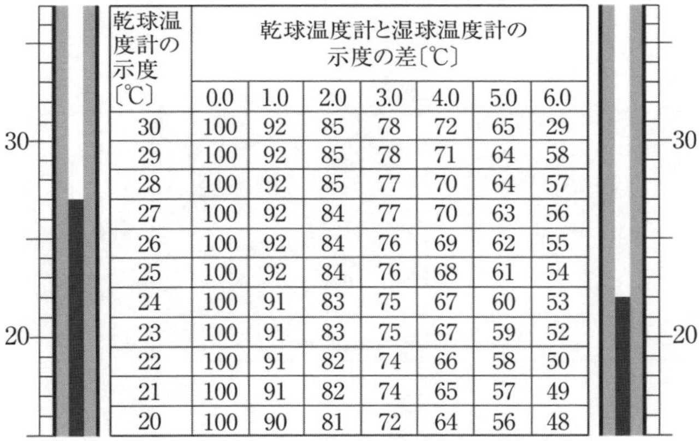

乾球温度計の示度〔℃〕	乾球温度計と湿球温度計の示度の差〔℃〕						
	0.0	1.0	2.0	3.0	4.0	5.0	6.0
30	100	92	85	78	72	65	29
29	100	92	85	78	71	64	58
28	100	92	85	77	70	64	57
27	100	92	84	77	70	63	56
26	100	92	84	76	69	62	55
25	100	92	84	76	68	61	54
24	100	91	83	75	67	60	53
23	100	91	83	75	67	59	52
22	100	91	82	74	66	58	50
21	100	91	82	74	65	57	49
20	100	90	81	72	64	56	48

[　　　　　]

(3) この日，風をさえぎる建物などの障害物がない開けた場所で，図2のような軽いひもを使った装置で風向を調べた。図3は，この装置を上から見た図である。このときの風向を図3から読み取って16方位で書きなさい。

図2　　　　　　図3

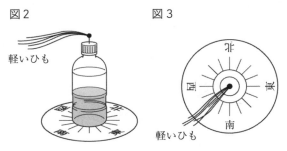

軽いひも

軽いひも

[　　　　　]

2 ある年の5月16日，校庭で気象を観測し，調査を行った。(1)～(2)の問いに答えなさい。〈岐阜県〉

表

月日	5月16日
時刻	午前9時
雲量	9
気温（℃）	19.7
湿度（%）	52
風向	東南東
風力	3

図

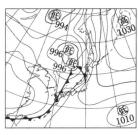

〔観測〕午前9時に校庭で空を見渡したところ，雲量は9であり，雨は降っていなかった。同時に気温，湿度，風向，風力も観測した。表は，その結果をまとめたものである。

〔調査〕インターネットを使って，天気図を調べた。図は，5月16日午前9時の天気図である。

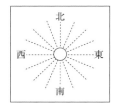

よくでる (1) 観測結果から，午前9時の天気，風向，風力を表す天気図記号を右の図にかきなさい。

思考力 (2) 次のア～ウは，同じ年の5月15日，17日，18日のいずれかの日の午前9時の天気図である。日付の早いものから順に並べ，符号で書きなさい。

ア
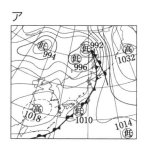

イ
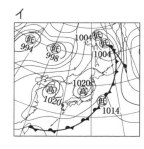

ウ
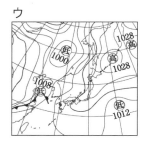

〔 　　→　　→　　〕

3 図1，図2は，それぞれ4月14日に地点A，地点Bで観測した風向・風力，天気，気温，湿度の変化の一部を表したものである。後の(1)～(2)の問いに答えなさい。
〈宮崎県〉

図1
地点Aの気象要素
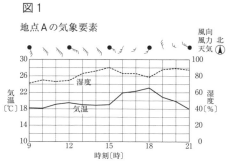

図2
地点Bの気象要素
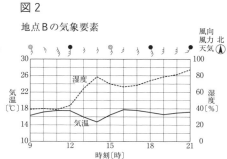

(1) 次の文は，前線についてまとめたものの一部である。 a ， b に入る適切な内容と， c に入る適切な言葉の組み合わせを，下のア～エから1つ選び，記号で答えなさい。

図3
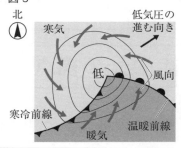

〔まとめ〕（一部）日本付近のように温帯にできる低気圧は，図3のように，東側に温暖前線，西側に寒冷前線をともなっていることが多い。温暖前線付近では，暖気が寒気の a ようにして進み，寒冷前線付近では，寒気が暖気の b ようにして進む。このため前線付近では上昇気流が生じて雲ができやすい。寒冷前線の進み方は温暖前線より速いことが多いため，地上の暖気の範囲はしだいにせまくなり，ついには，寒冷前線は温暖前線に追いつき， c ができる。

ア　a：上にはい上がる　　b：下にもぐりこむ　　c：閉塞前線
イ　a：上にはい上がる　　b：下にもぐりこむ　　c：停滞前線
ウ　a：下にもぐりこむ　　b：上にはい上がる　　c：閉塞前線
エ　a：下にもぐりこむ　　b：上にはい上がる　　c：停滞前線

〔　　　〕

🔔 思考力 (2) 図4は，4月14日の15時，18時のいずれかの時刻の天気図である。また，地点A, Bは，図4の①，②のいずれかにそれぞれ位置する。図4の天気図の時刻と，地点A，Bの位置の組み合わせとして最も適切なものを，下のア～エから1つ選び，記号で答えなさい。

図4
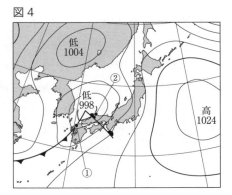

	図4の天気図の時刻	地点Aの位置	地点Bの位置
ア	15時	①	②
イ	15時	②	①
ウ	18時	①	②
エ	18時	②	①

〔　　　〕

3 地球の運動と天体の動き

栄光の視点

この単元を最速で伸ばすオキテ

▷ **恒星**（星座をつくる星）は，とても遠くにあるので，壁紙にかいた景色と考える。

（図1）は，太陽目線の図。

A：秋分，B：夏至，C：春分，

D：冬至

日周運動…地球の自転によって，天体が1日1回地球のまわりを回るように見える動き。

1日のうちの動きなので，太陽も星座もそのまま動かず，地球だけ自転しているイメージ。

→1日に1周（360°），

1時間に15°

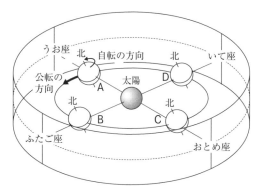

図1　太陽目線の地球と恒星の方向

年周運動…地球の公転によって生じる天体の見かけの動き。

地球が，太陽と壁紙（星座）の間を1日1°ずつ移動するイメージ。

→1年に1周（360°），1か月に30°，1日に1°

▷ **季節があるのは，地球が地軸を傾けたまま公転しているから。**（図2）

・南中高度の変化　冬至（最低）⇄ 春分・秋分 ⇄ 夏至（最高）

・昼の長さの変化　冬至（最短）⇄ 春分・秋分 ⇄ 夏至（最長）

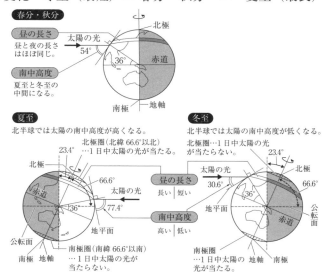

図2　太陽の南中高度・昼の長さ（北緯36°）

📕 覚えておくべきポイント

🔁 天体の位置は，球面上の位置で表す（図3）

実際の距離はいろいろだが，プラネタリウムのように，同じ半球（天球）面にあると考える。

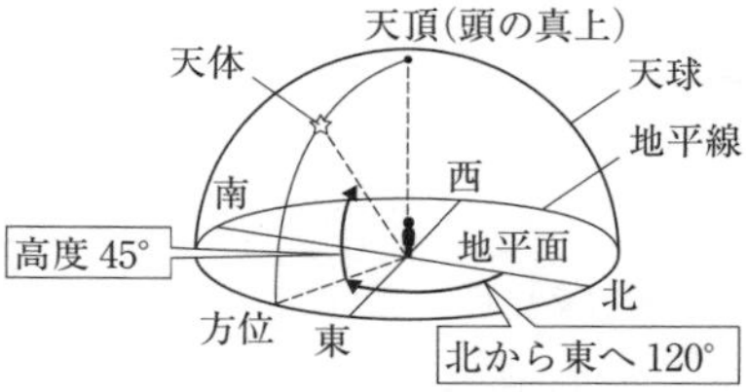

🔁 恒星は，いつも同じ道筋を通る（図4）

地球目線では，自転によって天球上の星が動いて見えるだけ。

子午線を通る位置が北寄りの星ほど，地平線上にある時間が長い。

🔁 太陽は，季節によって通り道が変わる（図5）

昼でも，太陽の向こうには，壁紙の星がある。

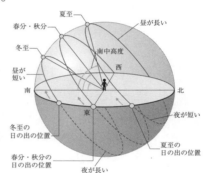

図3　天球上の天体の位置

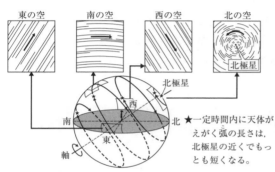

図4　東西南北の空の星の動きと天球上の星の動き

★一定時間内に天体がえがく弧の長さは，北極星の近くでもっとも短くなる。

図5　天球上の太陽の通り道

要 点

☑ 透明半球を使った太陽の位置の記録（図6）

なめらかな曲線で結び，透明半球のふちまでのばす。

・南中高度…南中の点・円の中心（観察者）を結んだ線と円の中心・南を結んだ線のなす角度。

　→南中の点の見つけ方は，天頂と真南を結んだ曲線と，記録した太陽の通り道の交点。

・日の出と日の入りの位置

　…透明半球のふちとぶつかる点。

・1時間ごとに動く長さは等しい。

　→太陽の動く速さは一定。

　→いろいろな時間の太陽の位置と高度がわかる。

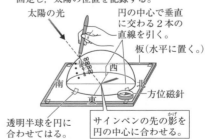

①透明半球を東西南北を合わせて固定し，太陽の位置を記録する。

太陽の光

円の中心で垂直に交わる2本の直線を引く。

板（水平に置く。）

透明半球を円に合わせてはる。

サインペンの先の影を円の中心に合わせる。

方位磁針

図6　透明半球上の太陽の動きの観察と記録

1 春分の日に，山口県の北緯34°の日あたりのよい場所で，1日の太陽の動きと太陽から受ける光の量を調べるために，次の観測と実験を行った。あとの(1)～(4)に答えなさい。　　　　　　　　　　　　　　　〈山口県〉

[観測]

① 図1のように，画用紙に透明半球と同じ大きさの円をかき，円の中心で直交する2本の線と，その両端に「東」「西」「南」「北」をかいた。

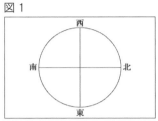

図1

② 水平な場所に置いた①の画用紙に，かいた円に合わせて透明半球をテープで固定し，方位磁針を用いて，「北」が北の方角に一致するように画用紙の向きを合わせた。

③ 午前8時から午後4時まで1時間ごとに，天球上での太陽の位置を示すように，透明半球上に・印をフェルトペンでつけた。

④ 図2のように，③でつけた・印をなめらかな曲線で結び，その線を透明半球のふちまでのばした。

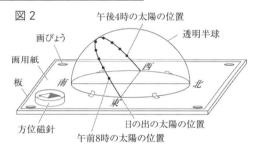

図2

⑤ ④でかいた曲線にそって紙テープをあて，曲線の長さを測ると，透明半球の東のふちから南中した太陽の位置までが12.1cmであった。また，1時間ごとの・印の間隔を測ると，ほぼ同じ長さであり，平均すると2.0cmであった。

[実験]

① 図3のように太陽電池と電流計をつないだ装置をつくり，正午ごろに，太陽電池のパネル面を南に向けて，水平な場所に置いた。図4は，太陽電池のパネル面を真横から見た模式図である。

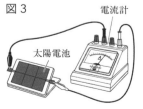

図3

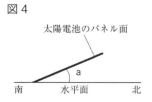

図4

② 図4に示すように，水平面と太陽電池のパネル面のなす角を角aとし，角aの角度を0°～90°まで10°ずつ変化させたときの電流計の値を記録した。

③ ②の記録をもとに，角aの角度と電流計の値との関係を表すグラフを，図5のようになめらかな曲線でかいた。

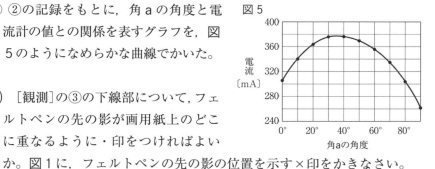

図5

必ず得点 (1) ［観測］の③の下線部について，フェルトペンの先の影が画用紙上のどこに重なるように・印をつければよいか。図1に，フェルトペンの先の影の位置を示す×印をかきなさい。

必ず得点 (2) ［観測］の③において，太陽が動いて見えるのは地球が自転しているためである。このような，地球の自転による太陽の見かけの動きを何というか。書きなさい。

〔　　　　　〕

よくでる (3) ［観測］を行った日，観測地点の日の出の時刻は午前6時17分であった。この日に太陽が南中したおよその時刻として，最も適切なものを，次の1～4から選び，記号で答えなさい。

1　午後0時10分　　2　午後0時20分　　3　午後0時30分
4　午後0時40分

〔　　　　　〕

思考力 (4) 図5から，角aの角度が30°から40°の間のとき，電流が最も大きくなることが推測できる。次の文章が，角aの角度が30°から40°の間のときに電流が最も大きくなる理由を説明したものとなるように，図6をもとにして，　A　にはあてはまる数値を，　B　には適切な語をそれぞれ書きなさい。

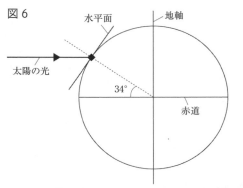

図6

春分の日に，◆印で示した北緯34°の地点において，太陽が南中したときの地球のようすを模式的に示している。

　山口県の北緯34°の地点においては，春分の日の太陽の南中高度は　A　°である。［実験］を行った春分の日に太陽が南中したとき，角aの角度を34°にすると，太陽電池のパネル面に対して　B　な方向から太陽の光があたるため，太陽電池のパネル面が受けとる光の量が最も多くなるから。

A〔　　　　　〕　B〔　　　　　〕

2 兵庫県において，ぎょしゃ座の星カペラとオリオン座の星リゲルを観測した。図1は，1月1日22時30分に，それぞれがほぼ天の子午線上にあり，カペラが天頂近く，リゲルが南の空に見えたことを表している。　〈兵庫県〉

図1

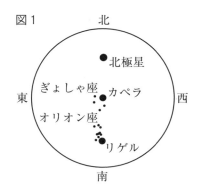

(1) 日周運動によって，カペラとリゲルが東から出るときと西に沈むときの順序として適切なものを，次のア～エから1つ選んで，その符号を書きなさい。
ア　カペラが先に出て，先に沈む。
イ　カペラが先に出て，後に沈む。
ウ　カペラが後に出て，先に沈む。
エ　カペラが後に出て，後に沈む。

〔　　　　〕

🔔思考力 (2) 次のア～エのうち，リゲルが天の子午線に最も近い位置に見える日時として適切なものを，1つ選んで，その符号を書きなさい。
ア　12月1日21時30分　　　イ　12月1日23時30分
ウ　1月16日21時30分　　　エ　1月16日23時30分

〔　　　　〕

🔔思考力 (3) 図2は，黄道付近にある12の星座と，毎月1日に地球から見た太陽の位置○を表している。図2の星座のうち，兵庫県において1月1日20時に南中している星座はどれか，1つ選んで，その星座名を書きなさい。

図2

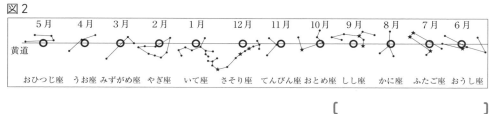

〔　　　　〕

4 火山

栄光の視点

💡 この単元を最速で伸ばすオキテ

🔄 火成岩の決め手は, 鉱物の割合と結晶のようす。火山の形とあわせて覚えておく。

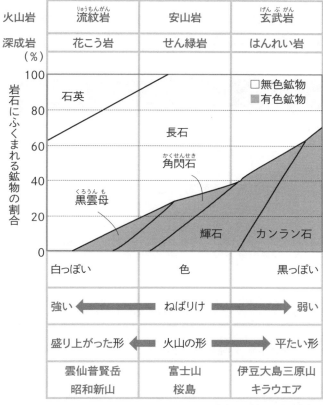

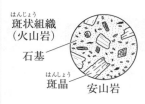

	有　色　鉱　物				無　色　鉱　物	
	黒雲母	輝石	角閃石	カンラン石	石英	長石
鉱物の形の例						
おもな特徴	・黒色 ・うすくはがれる。	・暗かっ色・緑黒色 ・長い柱状に割れやすい。	・暗緑色 ・短い柱状に割れやすい。	・緑かっ色 ・不規則に割れる。	・無色・白色 ・不規則に割れる。	・白色・灰色 ・決まった方向に割れる。

＜ポイント＞・無色鉱物2つの名前と特徴は必ず覚える。

　　　　　　・黒雲母は「黒い」のに黒っぽい火成岩には入っていない。

　　　　　　・磁鉄鉱は, 磁石につく。

📕 覚えておくべきポイント

火山噴出物のほとんどが，マグマの中にあったものである

- ・溶岩…マグマが地表に現れたもの。固まる前も後も溶岩とよぶ。固まるとき，内部の水が水蒸気となってぬけ，小さな穴がたくさんできる。
- ・火山弾…噴火の勢いでマグマが引きちぎられ，空中で冷えて固まったもの。特徴のある形をしている。
- ・火山灰…噴火でふき出る軽く小さい粒。多くの鉱物を含む（ただの灰ではない）。風で遠くまで運ばれやすく，広範囲に堆積する。
- ・火山ガス…成分の大部分は水蒸気。ほかに，二酸化炭素，二酸化硫黄，硫化水素，塩化水素，窒素，水素などを含む。

要 点

☑ 岩石を観察するときに使うもの

ルーペ…手とルーペの距離は近づけたまま，観察するものとの距離を調節する。野外での観察に用いる。

双眼実体顕微鏡…両目で見るため立体的に観察できる。室内での観察に適している。

☑ プレートと火山

- ・太平洋側のプレートが大陸側のプレートの下にもぐりこむように動いている。
- ・プレートの境界と火山の分布は，平行な関係にある。

☑ 火山の利用と災害

地熱発電…地下のマグマの熱でつくった高温・高圧の水蒸気を利用して発電する。

温泉…地下のマグマを熱源とする。

火砕流…火山灰，溶岩，火山ガスがまとまって斜面を高速で流れ下る。高温で，大きな被害をもたらす。

火山泥流…火山灰と大量の水が混ざって，火山の斜面を下る。土石流より規模が大きい。

溶岩流…噴出したマグマが地表を流れ，地形を変える。

噴石…火口近くでは危険である。

問題演習

1 火成岩に関して，次のモデル実験と観察を行った。(1)～(4)に答えなさい。

〈徳島県〉

＜火成岩のでき方を調べるためのモデル実験＞

① 図1のように75℃の湯100 cm³にミョウバン60gを溶かした水溶液を2つのペトリ皿A・Bに分けて，両方とも65℃の湯につけた。

図1

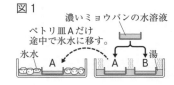

② ペトリ皿Aは途中で氷水に移し，ペトリ皿Bはそのままにして，ペトリ皿A・Bのようすを観察した。図2は，十分な時間をおいた後の，ペトリ皿A・Bの結晶のようすである。

図2

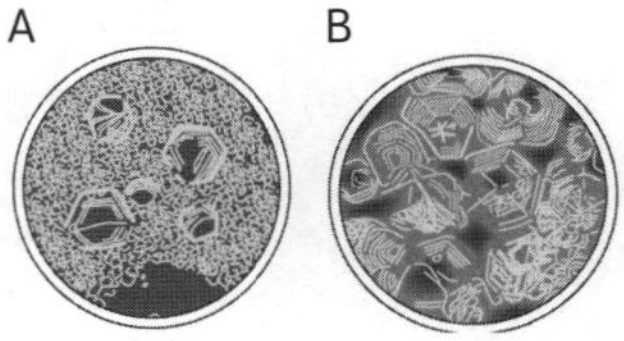

A 　　　B

＜火山灰の観察＞

① ある火山の周辺で，火山灰と溶岩のかけらを採集した。この火山灰と溶岩は，同じマグマの噴火によって生じたものである。

② 火山灰を双眼実体顕微鏡で観察した。図3はそのときのようすを模式的に表したものである。

図3

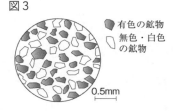

● 有色の鉱物
○ 無色・白色の鉱物

0.5mm

③ 視野の中に見える鉱物の個数を数えたところ，有色の鉱物は28個で，無色・白色の鉱物は20個であった。これをもとに，全ての鉱物に対する有色の鉱物の割合を計算した。

よくでる (1) 実際の火成岩のつくりにおいても，図2のAに見られるような，周囲を非常に細かい粒に囲まれた，比較的大きな結晶が見られる。このような結晶を何というか，書きなさい。また，図2のBに見られるような，大きな結晶が組み合わさった火成岩のつくりを何というか，書きなさい。

A〔　　　〕　B〔　　　　　　　　　〕

＋差がつく (2) 図2のA・Bの結晶のようすに違いが生じたのはなぜか，その理由を，A・Bそれぞれの温度変化に着目して書きなさい。

〔　　　　　　　　　　　　　　　　　　　　　　　　　　　　　〕

(3) 図4は，火成岩の分布を模式的に表したもの図4
である。次の文が正しくなるように，文中の①・
②について，ア・イのいずれかをそれぞれ選び
なさい。

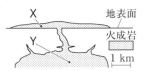

> 図2のBと同じようなつくりを示す火成岩の種類は，①[ア.深成岩
> イ.火山岩]であり，最も多く分布する場所として正しいのは，図4の②
> [ア.X　イ.Y]である。

①〔　　　〕　②〔　　　〕

(4) 図5は，火成岩に含まれる有色の鉱物
の割合と，火成岩の種類との関係を示し
たものである。(a)・(b)に答えなさい。

図5

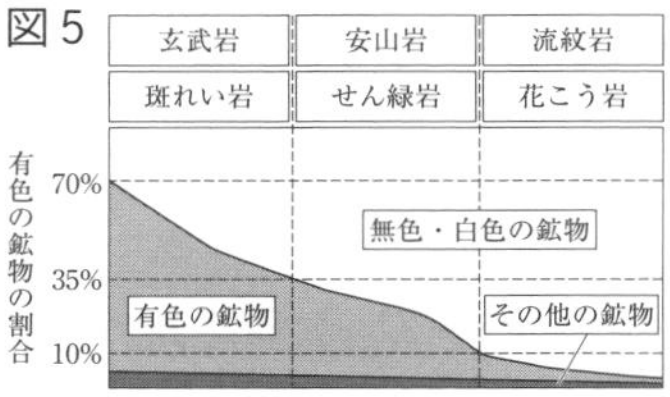

玄武岩	安山岩	流紋岩
斑れい岩	せん緑岩	花こう岩

有色の鉱物の割合　70%　35%　10%
無色・白色の鉱物
有色の鉱物　その他の鉱物

🔔思考力 (a) 図3の火山灰といっしょに採集され
た溶岩の火成岩の種類を，図5をもと
にして書きなさい。ただし，同じマグマから生じた火山灰と溶岩では，
有色の鉱物の割合は等しいものとする。　〔　　　　　〕

(b) 図3のような火山灰が採集できる火山はどれか，最も適切なものを
ア〜エから選びなさい。
　ア　平成新山　　イ　有珠山　　ウ　三原山　　エ　桜島
　　　　　　　　　　　　　　　　　　　　　　　〔　　　　　〕

2
太郎さんは，ハワイのキラウエア火山の噴火のニュースを見て火山に興味
をもち，夏休みの自由研究で火山について調べた。次のレポートは，太郎
さんがまとめたレポートの一部について示そうとしたものである。これに
関して，あとの問いに答えよ。
〈香川県〉

① 世界の火山について（図Ⅰ）
　［調べてわかったこと］
　火山は地球上の限られたところに
　帯状に分布している。

図Ⅰ　世界の火山の分布

② 火山の形による分類について（図Ⅱ）
図Ⅱ

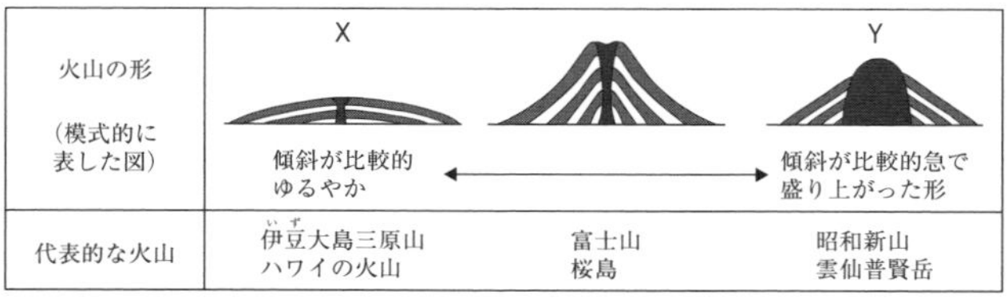

火山の形 （模式的に 表した図）	X		Y
	傾斜が比較的 ゆるやか	←→	傾斜が比較的急で 盛り上がった形
代表的な火山	伊豆大島三原山 ハワイの火山	富士山 桜島	昭和新山 雲仙普賢岳

［調べてわかったこと］マグマのねばりけと火山の形や噴火の特徴には関連がある。一般的に，Xのタイプの火山は，Yのタイプの火山に比べ，ねばりけが ▢P▢ マグマを噴出し，▢Q▢ な噴火をすることが多い。

よくでる (1) レポート中のP，Qの ▢ 内にあてはまる言葉の組み合わせとして最も適当なものを，右の表のア〜エから一つ選んで，その記号を書け。

	P	Q
ア	大きい（強い）	激しく爆発的
イ	大きい（強い）	比較的おだやか
ウ	小さい（弱い）	激しく爆発的
エ	小さい（弱い）	比較的おだやか

〔　　　　〕

次の文は，レポートについての先生と太郎さんの会話の一部である。

先生：日本列島には約110個の火山があり，日本は世界でも有数の火山国です。新燃岳の噴火は記憶に新しいですね。

太郎：はい。でも，どうして日本列島にはそんなに火山が多いのですか。

先生：それは，地球上の火山はその多くが ▢R▢ 付近に位置しているためです。

太郎：日本はそのような火山ができやすいところに位置しているのですね。

(2) 図Ⅲは，世界のプレートの分布を示したものである。レポート中の図Ⅰと図Ⅲをもとに，上の文中のRの ▢ 内にあてはまる言葉として最も適当なものを，ア〜エから一つ選んで，その記号を書け。

ア 一方のプレートが他方のプレートの下に沈み込む境界

イ 接するプレートが互いにすれ違う境界

ウ プレートが生まれ両側へ広がっていく境界

エ プレートの中央部

〔　　　　〕

図Ⅲ

147

5 太陽と銀河系

栄光の視点

 この単元を最速で伸ばすオキテ

⤷ 太陽の表面に見られる黒点は約 4000℃で, 他の表面温度（約 6000℃）より低い。黒点を観察することで, 太陽が球形で自転していることがわかる。

⤷ 太陽系の 8 つの惑星は, 分類と特徴をセットでしっかり覚えよう。

- ・衛星の数…水星・金星は 0 個, 地球は 1 個（月）, 火星は 2 個（フォボス, ダイモス）, 木星は 70 個以上（エウロパ, カリスト, ガニメデ, イオなど）
- ・最も表面温度が高い惑星は金星。大気に含まれる二酸化炭素の温室効果による。

⤷ 銀河系は約 1000 億個の恒星からなる。直径約 10 万光年。太陽系は, 銀河系の中心から約 3 万光年の位置にある。

覚えておくべきポイント

⤷ 銀河系以外にも恒星はある。太陽系以外にも惑星はある

恒星…自ら光や熱を出す天体のこと。

惑星…恒星のまわりを回っている。ある程度の質量と大きさをもった天体。

要点

☑ 太陽系のつくり

太陽系には, 太陽のほか, 惑星, 衛星, 小惑星, すい星などのさまざまな天体がある。

太陽系外縁天体…海王星より外側を公転する天体のグループ。以前は惑星に分類されていた, めい王星（現在は準惑星に）も含まれる。すい星…太陽に接近する際, 長い尾を見せる天体。

☑ 太陽系の天体

天体名	赤道直径（地球=1）	質量（地球=1）	平均密度（1cm³あたりの質量）	太陽からの平均距離（太陽地球間=1）	公転周期〔年〕	自転周期〔日〕	大気の主な成分	
水星	0.38	0.055	5.43	0.39	0.24	58.65	ほとんどない	地球型惑星 比較的小さく質量も小さいが, 表面や内部がかたい岩石や金属でできているため, 密度が大きい。
金星	0.95	0.815	5.24	0.72	0.62	243.02	二酸化炭素	
地球	1.00	1.00	5.52	1.00	1.00	1.00	窒素・酸素	
火星	0.53	0.107	3.93	1.52	1.88	1.03	二酸化炭素	
木星	11.2	317.83	1.33	5.20	11.86	0.41	水素・ヘリウム	木星型惑星 比較的大きく質量も大きいが, 大部分が気体でできているため, 密度が小さい。
土星	9.4	95.16	0.69	9.55	29.46	0.44	水素・ヘリウム	
天王星	4.0	14.54	1.27	19.22	84.02	0.72	水素・ヘリウム	
海王星	3.9	17.15	1.64	30.11	164.77	0.67	水素・ヘリウム	
太陽	109.1	332946	1.41	－	－	25.38	水素	恒星
月	0.27	0.012	3.34	約1.00	－	27.32	ほとんどない	地球の衛星

問題演習

1 銀河系に関する説明として，誤っているものはどれか，ア～エから１つ選びなさい。〈徳島県〉　〔　　　　〕

よくでる

　　ア　銀河系には，約1000億個の恒星がある。
　　イ　銀河系の中心部に，太陽系は位置している。
　　ウ　銀河系は，地球から見ると地球をとり巻く天の川として見える。
　　エ　銀河系の外側にも，銀河系のような恒星の集まりが無数にある。

2 太陽の黒点について調べるため，図１のような天体望遠鏡を用いて，太陽投影板の上に記録用紙を固定し，太陽の像を直径10cmになるように投影して数分間観察した。そして，観察してわかったことを図２のようにまとめた。〈秋田県〉

図1

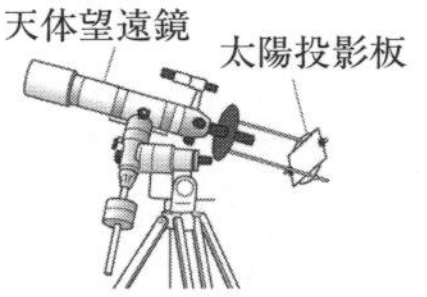

天体望遠鏡　太陽投影板

よくでる

(1) 黒点が黒く見える理由を，「黒点は周囲より」に続けて書きなさい。

　　［黒点は周囲より　　　　　　　　　　　　　　　］

図2

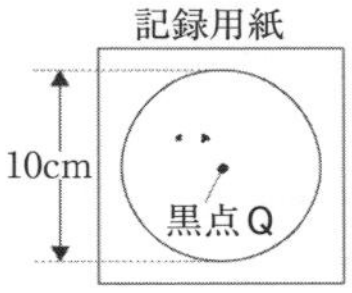

記録用紙

・望遠鏡を固定して観察すると，太陽の像が記録用紙の円から外れていった。
・黒点Qの像は円形で直径は5mmだった。

10cm

黒点Q

(2) 下線部の主な原因は次のどれか，１つ選んで記号を書きなさい。　〔　　　　〕

　　ア　地球の公転　イ　地球の自転　ウ　太陽の公転　エ　太陽の自転

思考力

(3) 黒点Qの実際の直径は，地球の直径の約何倍か，四捨五入して小数第１位まで求めなさい。ただし，太陽の直径は地球の直径の109倍とする。　〔　　　　〕

3 Wさんは2018年2月ごろ，夕方の西の空に一つの星を見つけた。その星は太陽系の惑星の一つである金星と分かったので，太陽系の惑星について調べることにした。あとの問いに答えなさい。〈大阪府〉

【Wさんが金星および他の太陽系の惑星について調べたこと】
・金星の大きさや平均密度は地球とほぼ同じである。右の図は，太陽系の八つの惑星の赤道半径と平均密度をグラフにまとめたものであり，a～gは，地球以外の惑星のいずれかである。
・太陽系の八つの惑星のうち，地球，金星，火星，水星は地球型惑星であり，木星，土星，天王星，海王星は木星型惑星である。
・金星の表面は昼夜を問わず高温になっている。

図1

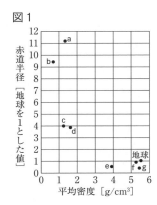

赤道半径〔地球を1とした値〕
平均密度〔g/cm³〕
地球

(1) 図中に示した a 〜 g の惑星のうち，金星はどれか。一つ選び，記号で答えなさい。 〔　　　〕

(2) 次のア〜エのうち，太陽系の木星型惑星の説明として正しいものを一つ選び，記号で答えなさい。 〔　　　〕

ア　いずれの木星型惑星も，質量は地球より大きいが，平均密度は地球より小さい。

イ　いずれの木星型惑星も，大気の主な成分は酸素である。

ウ　いずれの木星型惑星も，太陽系外縁天体である。

エ　木星型惑星のうち，環（リング）が存在するのは，土星だけである。

(3) 金星の表面が昼夜を問わず高温になっているのは，金星が厚い大気におおわれていることや，大気の主な成分がもっている性質などが影響していると考えられる。金星の大気の主な成分は何か，書きなさい。

〔　　　　　　　　　　　　　〕

4 ケンタさんは金星だけでなく太陽系の他の惑星についても関心が高まり，図書館に行って惑星の特徴を調べた。下の表は，その特徴をまとめたものである。これについて，下の(1)〜(3)に答えなさい。 〈島根県〉

	直径	質量	密度 [g/cm³]	太陽からの距離	公転の周期 [年]	大気の主な成分	表面の平均温度 [℃]
水星	0.38	0.06	5.43	0.39	0.24	（ほとんどない）	約170
金星	0.95	0.82	5.24	0.72	0.62	二酸化炭素	約460
地球	1	1	5.51	1	1.00	窒素・酸素	約15
火星	0.53	0.11	3.93	1.52	1.88	二酸化炭素	約−50
木星	11.21	317.83	1.33	5.20	11.86	水素・ヘリウム	約−145
土星	9.45	95.16	0.69	9.55	29.46	水素・ヘリウム	約−195
天王星	4.01	14.54	1.27	19.22	84.02	水素・ヘリウム	約−200
海王星	3.88	17.15	1.64	30.11	164.77	水素・ヘリウム	約−220

（それぞれの惑星の直径，質量，太陽からの距離は，地球を1とした値である。）

💨よくでる (1) 惑星は大きさによって2つのグループに分けることができる。地球を代表とするグループに属する惑星のうち，地球以外の名称をすべて答えなさい。

〔　　　　　　　　　　　　　〕

(2) 水の入った水槽に各惑星を入れることができたとする。水に浮く惑星はどれか，その惑星の名称をすべて答えなさい。

〔　　　　　　　　　　　　　〕

🔦思考力 (3) 地球には，多種多様な生物が生存している。それは，生物の生命を支える条件が地球に備わっているからである。その条件は，「大気の成分に酸素があること」ともう1つある。それは何か，表のデータにふれて答えなさい。

〔　　　　　　　　　　　　　〕

6 空気中の水の変化

栄光の視点

 この単元を最速で伸ばすオキテ

🔄 湿度は，飽和水蒸気量に対する，実際にふくまれている水蒸気の割合。

$$湿度〔\%〕= \frac{1\,m^3\,の空気にふくまれる水蒸気量〔g/m^3〕}{飽和水蒸気量〔g/m^3〕} \times 100$$

🔄 露点は，水蒸気が凝結し始めるときの温度。
露点は，ふくまれている水蒸気量によって
決まる。
水蒸気量が多くなると，露点は高くなる。

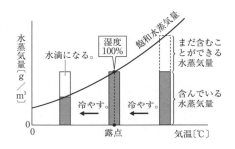

📖 覚えておくべきポイント

 空気が上昇すると雲ができる

空気が上昇し，気圧が下がるにつれて，膨張
する。

⬇

温度が下がり，飽和水蒸気量が小さくなる。

⬇

温度が露点に達し，湿度が100％に達すると，
水蒸気が水滴や氷の結晶になりはじめる。

⬇

雲ができる。※空気中の水蒸気量は減少する。

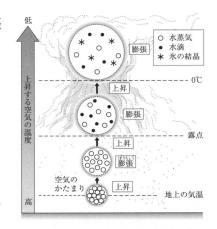

要点

☑ **水の循環**

・地球表面の約70％は海。
・気体（大気中の水蒸気），液体（海水，河川，地下水，雲，雨水），固体（氷河，雲，雪やあられ）と状態を変えながら，地球上を循環している。
・水の循環は，太陽のエネルギーによって起こる。

1 哲也さんは，気圧を低くしたときの，空気の温度や体積を調べるために，次の①～③の手順で実験を行った。あとの問いに答えなさい。 〈山形県〉

【実験】
①透明なポリエチレンの袋の中に少量の水と少量の線香のけむりを入れ，袋の口を閉じた。
②図のように，①の袋と気圧計，温度計を簡易真空容器に入れて密閉し，空気をぬく前の容器の中の気圧，温度，袋の様子を調べた。
③簡易真空容器の中の空気をぬき，空気をぬいたあとの容器の中の気圧，温度，袋の様子を調べた。

簡易真空容器
ポリエチレンの袋
気圧計
温度計

よくでる (1) 右の表は，実験結果であり，次は，表をもとに哲也さんが考えたことをまとめたものである。 **a** ，

	空気をぬく前	空気をぬいたあと
容器の中の気圧〔hPa〕	1000	595
容器の中の温度〔℃〕	25.3	23.8
袋の様子	中にくもりはなく，しぼんでいた	中は白くくもり，ふくらんだ

b にあてはまる語を，あとのア～オからそれぞれ一つずつ選び，記号で答えなさい。

> 気圧が低くなると，水蒸気を含んだ空気は **a** する。これにともなって水蒸気を含んだ空気の温度が下がり，露点に達すると，空気に含まれる水蒸気は **b** し始める。

ア 凝結　イ 収縮　ウ 蒸発　エ 分離　オ 膨張

a〔　　　〕 b〔　　　〕

(2) 次は，雲のでき方について，哲也さんがさらに調べてまとめたものである。 **c** にあてはまる言葉を，地表という語を用いて書きなさい。

> 水蒸気を含んだ空気が上昇すると，雲ができやすくなる。空気の上昇は， **c** ことや，空気が山の斜面にぶつかること，寒気が暖気をおし上げることで生じる。

〔　　　　　　　　　　　　　　　　　　　　　　　　　　　　〕

2 図1に示す曲線は，気温に対する飽和水蒸気量を表している。 〈兵庫県〉

(1) たろうさんは，寒い日の朝，自分の部屋の窓ガラスに水滴がついていたことに興味を持ち，別の日に次の観察を行った。
　はじめに，窓ガラスに水滴がついていないことを確認してから，室温，湿度，外気温を測定するとともに，部屋の空気量を計算した。表1は，その結果をまとめたものである。その後，加湿器で部屋の湿度を上げていくと，やがて窓ガラスに水滴がつきはじめた。観察の間，外気温は変化しなかった。

図1

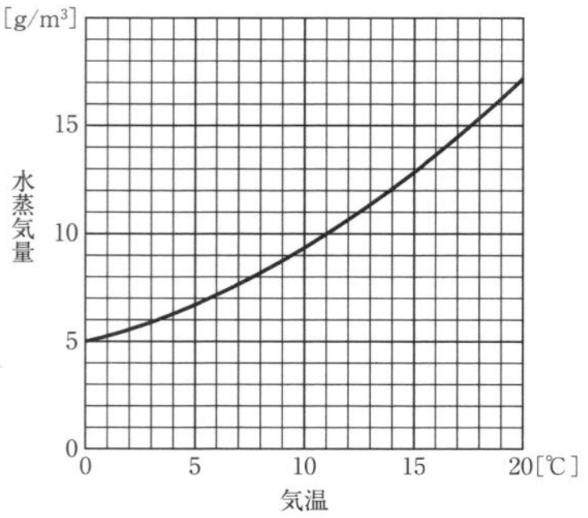

[g/m³]

15

10

5

水蒸気量

0　5　10　15　20〔℃〕
気温

① 表1の測定を行ったときの，部屋の空気 1 m³ に含まれる水蒸気の量として最も適当なものを，次のア～エから1つ選んで，その符号を書きなさい。

表1

室温[℃]	湿度[%]	外気温[℃]	部屋の空気量[m³]
17.6	20	5.4	30

　ア　0.50g　　イ　3.0g　　ウ　15.0g　　エ　450g　　〔　　　　〕

② たろうさんは，窓ガラス付近の部屋の空気が外気温と同じ温度まで冷やされ，窓ガラスに水滴がついたと考えた。この観察で窓ガラスに水滴がつきはじめるまでに，部屋全体の空気に加わった水蒸気の量として最も適切なものを，次のア～エから1つ選んで，その符号を書きなさい。

　ア　4.0g　　イ　7.0g　　ウ　120g　　エ　210g　　〔　　　　〕

🔔 思考力 (2)　たろうさんは，水蒸気について調べていくうち，図2のように雲の底面が同じ高さにそろっていることに興味を持ち，雲のでき方について調べ，レポートにまとめた。

図2

<課題>地表の空気の温度と湿度から，その空気が上昇したときの雲ができる高さを求める。
<調査結果>・空気が上昇するとき，その温度は 100m につき，1.0℃ 下がる。
・空気の温度が露点に達した高さで，空気中の水蒸気が水滴になり，雲ができる。
・私の住む町の気温と湿度の3日間の記録を表2にまとめた。
<考察>空気が上昇するとき，空気 1 m³ に含まれる水蒸気量は変化しないと考えると，1日目の空気は，[　①　]m 上昇した高さで雲ができる。また，3日間の空気のうち，雲ができる高さは [　②　] が最も高く，[　③　] が最も低いと考えられる。

表2

	気温[℃]	湿度[%]
1日目	15.2	65
2日目	12.4	45
3日目	12.0	70

　レポートの [　①　] に入る数値として最も適切なものを，次のア～エから1つ選んで，その符号を書きなさい。また，[　②　]，[　③　] に入る語句として適切なものを，次のa～cからそれぞれ1つ選んで，その符号を書きなさい。

【①の数値】	ア　420　　イ　690　　ウ　1060　　エ　1300
【②,③の語句】	a　1日目　　b　2日目　　c　3日目

①〔　　　　〕②〔　　　　〕③〔　　　　〕

(3)　レポートを提出したところ，先生から実際に雲ができる高さは，考察で求めた高さとは異なると教えてもらった。その理由を説明した次の文の [　①　] ～ [　③　] に入る語句の組み合わせとして適切なものを，あとのア～エから1つ選んで，その符号を書きなさい。　〔　　　　〕

　空気が上昇すると，気圧が下がり体積が変化する。そのため，空気 1 m³ あたりの水蒸気の量は [　①　] し，露点が [　②　]。つまり，レポートで求めた高さよりも [　③　] ところで雲ができることになる。

ア　①増加　②上がる　③低い　　　イ　①増加　②上がる　③高い
ウ　①減少　②下がる　③低い　　　エ　①減少　②下がる　③高い

7 天体の見え方と日食・月食

栄光の視点

💡 この単元を最速で伸ばすオキテ

 月の見える時間帯や方位は，地球と月の位置関係により決まってくる。またそれによって，月に太陽の光が当たっている部分のうち，地球から見える範囲が変わるため，月の形は満ち欠けしているように見える。

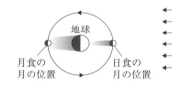

- 満月から次の満月まで，約29.5日。
- 同じ時間帯に観察すると，1日に約12°ずつ東へずれて見える（翌日に同じ場所で観察すると，月が同じ位置にくる時刻は約50分遅くなる）。

 日食では月が太陽をかくし，月食では地球のかげが月をかくす。

- 月食が起きるときは満月
  地球上のどこからでも見ることができる。
- 日食が起こるときは新月
  月のかげができるところだけ見ることができる。

📕 覚えておくべきポイント

 内惑星の見え方をおさえておく。金星と水星は同じように考えてよい

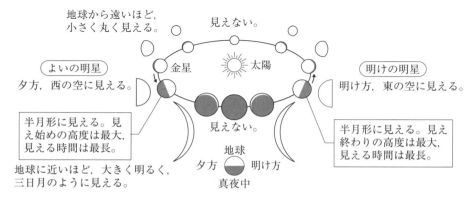

- 明けの明星は，明け方，東の地平線から出て，日の出とともに見えなくなる。
- よいの明星は，夕方，日の入りとともに西の空に見えるようになり，やがて西の地平線にしずむ。
- 内惑星は，公転軌道が地球より内側にあるので，真夜中に見ることはできない。

要 点

☑ 月食の欠け方

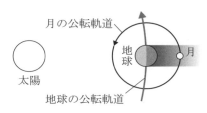

東側から地球のかげに入り，
西側から地球のかげから出る。

☑ 皆既日食と金環日食

皆既日食の場合

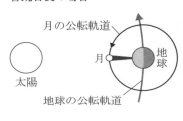

太陽と月がほ
ぼ同じ大きさ
に見える。

金環日食の場合

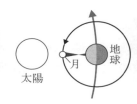

太陽より月が
小さく見える。

地球と月の距離を比べたとき…皆既日食の場合＜金環日食の場合

（月の公転軌道がだ円であることが原因）

☑ 惑星の公転周期

惑星は，太陽から遠いほど公転周期が（P日，E日）長くなる。

内惑星のとき

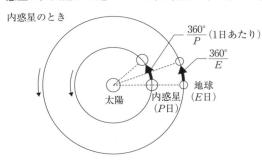

地球を追い越した内惑星は，再び地球に追
いつく。

外惑星のとき

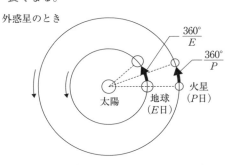

外惑星を追い越した地球は，再び外惑星に
追いつく。

155

問題演習

1 月の動きと見え方について調べるため，日本のある地点で，次の〔観察〕を行った。

〈愛知県・改〉

〔観察〕① ある年の冬至の日である12月22日の午後6時に月の形と月の位置を観察し，記録した。

② その後しばらく，毎日午後6時に月の観察を続けた。図1は，〔観察〕の①における，月のようすを模式的に表したものである。このとき月は半月であり，午後6時に南中していた。

図1

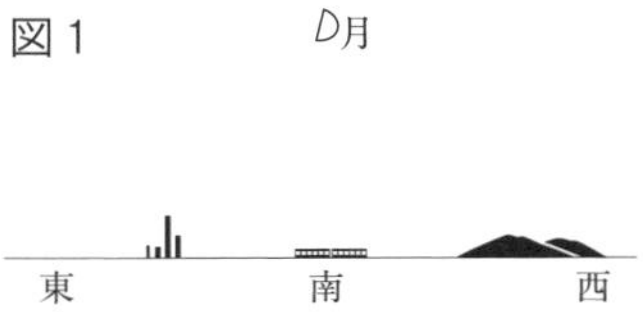

図2

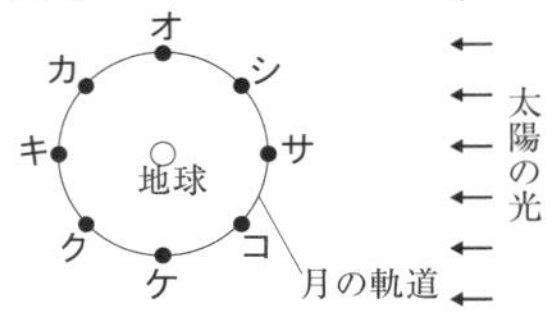

(1) 次の文章は，〔観察〕の①を行った4日後の12月26日の午後6時の月の形と位置について説明したものである。文章中の（ Ⅰ ）には下のアからエまでの中から，（ Ⅱ ）には図2のオからシまでの中から，それぞれ最も適当なものを選んで，そのかな符号を書きなさい。ただし，図2は，地球の北極側から見た，地球と月との位置関係及び太陽の光の向きを模式的に示したものである。

> 12月26日の午後6時には，12月22日の午後6時の月と比べて光って見える部分が（ Ⅰ ）観察できる。また，12月26日の午後6時の月の位置は（ Ⅱ ）である。

ア 大きい月が，真南よりも東の空に
イ 大きい月が，真南よりも西の空に
ウ 小さい月が，真南よりも東の空に
エ 小さい月が，真南よりも西の空に　　Ⅰ〔　　　〕Ⅱ〔　　　〕

(2) その後，皆既月食の日に月のようすを観察した。月は図3のように東側から欠け始め，やがて月の全部が欠けるようすを見ることができた。次のアからエまでの文は，月食について説明したものである。このうち正しい内容を説明しているものをすべて選んで，そのかな符号を書きなさい。

図3

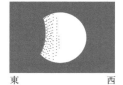

東　　　　　西

ア 月食が観察されるときの月は満月である。
イ 月食は，月の影が地球に映ることによって起こる。
ウ 月食が始まってから終わるまでの時間は，月の自転速度で決まる。
エ 皆既月食を南半球で観察すると，月は東側から欠けていく。

〔　　　　　〕

2 図1は，ある日の太陽，水星，地球の位置関係を模式的に表したものである。また，図2は，その日の18時54分と19時48分に日本国内の地点Xから観察した月の形と水星の位置を，模式的に表したものである。なお，この日，水星が月に隠れて見えない時間があった。次の(1)〜(3)に答えなさい。

図1

図2

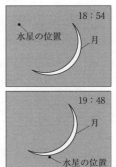

〈石川県〉

(1) この日，地点Xでは，水星と木星がほぼ同じ方向に見えた。水星と木星は，望遠鏡で観察すると，どのような形に見えると考えられるか，次のア〜オから最も適切なものをそれぞれ1つ選び，その符号を書きなさい。ただし，選択肢の図の上下左右は，肉眼で観察したときの見え方に直してある。

水星〔　　　〕

木星〔　　　〕

🔔 思考力 (2) 図2の月が欠けて見えるのは，月食によるものではないと判断できる。そう判断できる理由を書きなさい。

〔　　　　　　　　　　　　　　　　　　　　　　　　　　　　〕

🔔 思考力 (3) 同じ日に日本国内の地点A，Bから月の形と水星の位置を観察した。表は，その結果をまとめたものの一部である。地点Bから観察した場合，水星が再び現れたときの位置は，図3のア・イのいずれか，その符号を書きなさい。また，そう判断した理由を書きなさい。

	地点A	地点B
水星が月に隠れ始めた時刻	19:01	19:27
水星が再び現れた時刻	19:51	19:47

図3

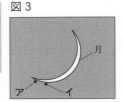

ア，イは，地点A，Bから観察した場合の，水星が再び現れたときの位置のいずれかを表している。

符号〔　　　〕

理由〔　　　　　　　　　　　　　　　　　　　　　　　　〕

3 次の文章は，観察を行った日に，その日以降の地球，金星，太陽の位置関係がどのようになっていくのかを考察したSさんと先生の会話である。会話文中の x ， y にあてはまるものの組み合わせとして最も適当なものを，あとのア〜エのうちから一つ選び，その符号を書きなさい。

思考力

地球の自転の向き

地球

金星の公転軌道
地球の公転軌道
金星の公転の向き
地球の公転の向き

90°

太陽　　金星

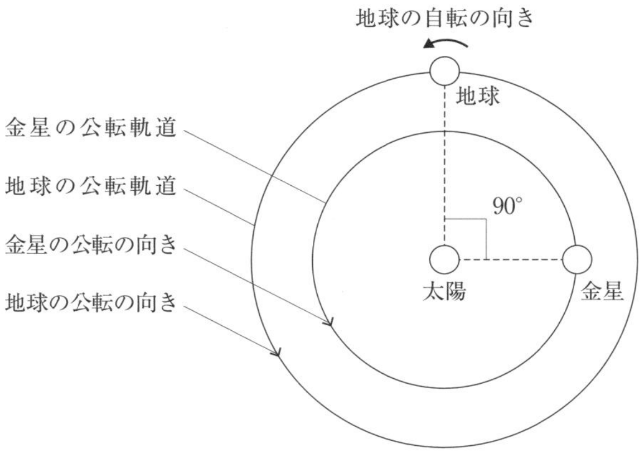

観察　地球，金星，太陽の位置関係が図のようになっている日に，Sさんは金星を観察した。

Sさん：今日から1か月後には，地球と金星の距離はどうなっているでしょうか。

先生：それでは，地球と金星の公転周期から考えてみましょう。地球の公転周期が約1年なのに対し，金星の公転周期は約0.62年です。地球と金星の位置関係はたえず変化することになりますね。

Sさん：はい。それぞれの惑星の公転周期から，地球は1か月で約30°，金星は1か月で約 x ，太陽のまわりを公転することが計算できました。ということは，現在は図の位置にある金星は，だんだん地球に近づいているのですね。

先生：そのとおりです。それでは，今日から約何か月後に，金星は地球に最も近づくでしょうか。

Sさん：はい。計算してみたところ，今日から約 y に，金星は地球に最も近づくことがわかりました。

先生：よくできました。

ア　x：48°　y：2か月後　　イ　x：48°　y：5か月後

ウ　x：62°　y：3か月後　　エ　x：62°　y：6か月後

[　　　]

8 ゆれる大地

栄光の視点

この単元を最速で伸ばすオキテ

▷ 岩盤が破壊されて波が生じ，その波が伝わることで地震がおきる。地震の種類は大きく2つ。

・海溝型地震…プレートの境界付近を震源とする。大陸プレートは，沈降と隆起をくり返している。津波を起こすことがある。

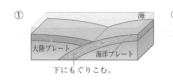

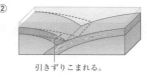

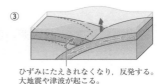

① 下にもぐりこむ。

② 引きずりこまれる。

③ ひずみにたえきれなくなり，反発する。大地震や津波が起こる。

・内陸型地震…活断層のずれによる地震。大陸のプレート内部に無数にある断層のうち，再びずれる可能性があるものを活断層という。

覚えておくべきポイント

▷ **初期微動継続時間は，震源からの距離が遠いほど長くなる**

・初期微動はP波によるゆれ。

・主要動はS波によるゆれ。

・P波はS波より伝わる速さが速いので，初期微動は主要動より先に到達する。

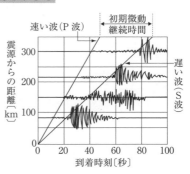

▷ **緊急地震速報は，S波が到達する前に危険を知らせることができる**

要点

☑ **震度とマグニチュード**

震度…「0，1，2，3，4，5弱，5強，6弱，6強，7」の10階級。
マグニチュード…地震の規模。M6はM5の約32倍のエネルギー。

☑ **地震計のしくみ**

おもりとペンが動かないので，ゆれを観測することができる。
上下，東西，南北の3方向をそれぞれ測定する。

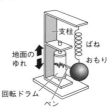

1 恵さんは，ある地点で過去に発生した地震について次のようにまとめ，課題Ⅰ〜Ⅲを設定して調べた。下の(1)〜(5)の問いに答えなさい。 〈秋田県〉

- 図の×は a 震源の真上の地点を，A〜Cは観測点を表している。
- 震源の深さ 14km
- b M6.4
- 最大震度6強

各観測地点の記録

観測点	震度	震源からの距離	P波の到着時刻	S波の到着時刻
A	2	180km	22時32分12秒	22時32分36秒
B	3	110km	22時32分02秒	22時32分17秒
C	3	70km	22時31分56秒	22時32分06秒

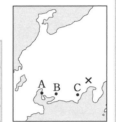

【課題Ⅰ】震源からの距離と初期微動継続時間には，どのような関係があるか。

【課題Ⅱ】この地震の発生時刻はいつか。

【課題Ⅲ】地震はどのようなしくみで起こるか。

---

(1) 下線部 a を何というか，書きなさい。 〔　　　　　〕

(2) 下線部 b の M は，地震の規模を表している。これを何というか，書きなさい。

〔　　　　　〕

(3) 恵さんは，課題Ⅰについて次のように考えた。恵さんの考えが正しくなるように，Q には当てはまる数値を，R には当てはまる語句をそれぞれ書きなさい。

> 「観測点Aの初期微動継続時間は，観測点Cより（ Q ）秒長いので，震源からの距離が（ R ）なるほど，初期微動継続時間は長くなるのではないかと考えました。」

Q〔　　　　　〕 R〔　　　　　〕

🚨 思考力 (4) 課題Ⅱについて，P波の到着時刻と震源からの距離の関係を表すグラフをかきなさい。また，この地震の発生時刻は，およそ22時何分何秒か，次から1つ選んで記号を書きなさい。

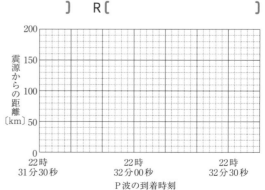

ア 31分30秒　　イ 31分38秒

ウ 31分46秒　　エ 31分54秒

オ 32分02秒

〔　　　　　〕

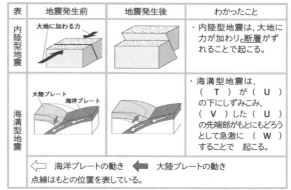

よくでる (5) 表は，恵さんが課題Ⅲについて資料を調べ，わかったことをまとめたものである。

① 下線部 c について，再びずれる可能性がある断層を何というか，書きなさい。

〔　　　　〕

② わかったことの内容が正しくなるように，T～W に当てはまる語句を，次からそれぞれ 1 つずつ選んで記号を書きなさい。

T〔　　　〕 U〔　　　〕 V〔　　　〕 W〔　　　〕
ア　隆起　　イ　沈降　　ウ　海洋プレート　　エ　大陸プレート

2 地震の観測と地震の起こる仕組みについて，次の各問に答えよ。〈東京都・改〉

　地震について調べるために，ある日の日本の内陸で起こった，震源がごく浅い地震について，観測地点 C～E について，震源からの距離，初期微動が始まった時刻，主要動が始まった時刻の記録を得た。ただし，観測した地震が起きた観測地点 C～E を含む地域の地形は平坦で，地盤の構造は均一であり，地震の揺れを伝える 2 種類の波はそれぞれ一定の速さで伝わるものとする。

＜観測記録＞

Ⅰ 表は，観測地点 C～E における地震の記録についての資料をまとめたものである。

表

	震源からの距離	初期微動が始まった時刻	主要動が始まった時刻
観測地点C	35km	16時13分50秒	16時13分55秒
観測地点D	77km	16時13分56秒	16時14分07秒
観測地点E	105km	16時14分00秒	16時14分15秒

Ⅱ　Ⅰで調べた地震では緊急地震速報が発表されていた。緊急地震速報は，地震が起こった直後に震源に近い地点の地震計の観測データから，震源の位置，マグニチュード，主要動の到達時刻や震度を予想し，最大震度が5弱以上と予想される地域に可能な限り素早く知らせる地震の予報，警報である。図は，地震発生から緊急地震速報の発表，受信までの流れを模式的に示している。

図

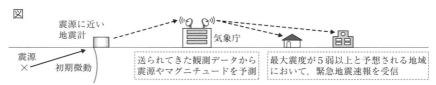

よくでる (1)　**表**のように，初期微動の後に主要動が観測される理由について述べたものとして適切なのは，次のうちではどれか。

　ア　震源ではP波が発生した後にS波が発生し，伝わる速さはどちらも同じだから。

　イ　震源ではS波が発生した後にP波が発生し，伝わる速さはどちらも同じだから。

　ウ　震源ではP波とS波は同時に発生し，P波が伝わる速さはS波よりも速いから。

　エ　震源ではP波とS波は同時に発生し，S波が伝わる速さはP波よりも速いから。

〔　　　　　〕

思考力 (2)　＜観測記録＞のⅠで調べた地震では，観測地点Cの地震計で初期微動を感知してから6秒後に緊急地震速報が発表されていた。このとき，震源からの距離がX〔km〕の場所で，緊急地震速報を主要動の到達と同時に受信した。震源からの距離と主要動の到達について述べた次の文の，　①　には当てはまる数値を，　②　には数値を用いた適切な語句を，それぞれ書け。ただし，緊急地震速報の発表から受信までにかかる時間は考えないものとする。

　　震源からの距離X〔km〕は，　①　〔km〕である。震源からの距離がX〔km〕よりも遠い場所において，緊急地震速報を受信してから主要動が到達するまでの時間は，震源からの距離がX〔km〕よりも　②　につれて1秒ずつ増加する。

①〔　　　　　　　〕　②〔　　　　　　　　　　　〕

9 大気の動きと日本の天気

栄光の視点

💡 この単元を最速で伸ばすオキテ

🔁 日本の天気は風が決め手。

- ・<u>偏西風</u>…**中緯度帯の上空**を，**西から東へ**向かって一周する風。（日本は中緯度
に位置する）
  - ・日本列島付近の天気は，**西から東へ**変わることが多い。
  - ・日本に近づく台風の進路を東よりに変えることが多い。
- ・<u>季節風</u>…**ユーラシア大陸と太平洋**の間でふく海陸風。

  夏は**南東の風**，冬は
  北西の風。

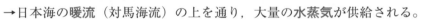

- ・冬の季節風

  シベリア高気圧から噴き出

  した風は，冷たく乾燥している。
  - →日本海の暖流（対馬海流）の上を通り，大量の**水蒸気**が供給される。
  - →日本列島にぶつかって**上昇気流**となり，たくさんの雪や雨を降らせる。
  - →水蒸気の量が減って乾燥した空気が太平洋側にふき下りる。

📖 覚えておくべきポイント

🔁 気団の勢力争いで季節が変わる

- ・**シベリア気団**…冬にシベリア高気圧が発達してできる。

  シベリア高気圧から太平洋の低気圧に向かって，北西の季節
  風がふく。
- ・**小笠原気団**…夏に太平洋高気圧が発達するとできる。太平洋高気圧が北上する
  と梅雨前線も北上してやがてなくなる。夏の間，日本列島を広
  くおおう。
- ・**移動性高気圧**…春と秋の主役。偏西風にのって移動し，周期的に日本列島付近
  をおおう。

🔁 前線付近では，気温，湿度，風向などが変わり，天気が変化しやすい

- ・温暖前線・寒冷前線…温帯低気圧とともに，偏西風によって西から東へ移動。
- ・停滞前線（梅雨前線・秋雨前線）

  …南のあたたかくしめった気団と北の冷たくしめった気団との間にできる。海
  から大量の水蒸気が運ばれてくるため，**長期間**にわたり大量の雨がふる。

要　点

☑ 天気の移り変わりと天気図

(1)春（冬と梅雨の間の時期）・秋（夏と冬の間の時期）（図1）

高気圧と低気圧が偏西風にのって，西から東に移動し，交互に日本列島付近を通る。

同じ天気が長く続かない。

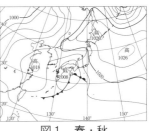

図1　春・秋

(2)つゆ・秋雨（図2）

停滞前線（梅雨前線・秋雨前線）はほとんど動かないので，雨やくもりの日が続く。

(3)夏（図3）

南高北低の気圧配置となる。

あたたかくしめった小笠原気団におおわれ，高温多湿で晴れる日が多い。

南東の弱い季節風がふく。

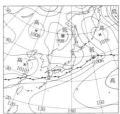

図2　つゆ・秋雨

図3　夏

(4)台風（図4）

低緯度（赤道近く）の熱帯地方で発生した熱帯低気圧が，海上で発達し，最大風速が約17m/s以上に発達したもの。大量の雨と強い風をともなう。

夏や秋にかけて，太平洋高気圧が弱まると，そのへりを通って北上し，さらに偏西風に流されて東寄りに進路を変える。（図5）

図4　台風

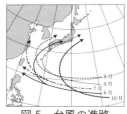

図5　台風の進路

(5)冬（図6）

西高東低の気圧配置となり，等圧線がせまい間隔で並ぶ。

北西の強い季節風がふき，日本海側は多くの雪が降り，太平洋側は乾燥した晴れの天気が続く。

(6)春一番と木枯らし

春一番（図7）…立春から春分にかけて，初めてふく南寄りの強い風。日本海を低気圧が通る時にふく。

木枯らし…秋の終わりから冬の初めにかけてふく北寄りの強い風。

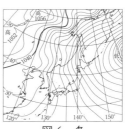

図6　冬

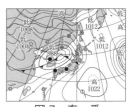

図7　春一番

問題演習

1 次の文を読んで，あとの各問いに答えなさい。 〈三重県〉

　はるかさんは，大気の動きや日本の季節による天気について興味をもち，資料集やインターネットで調べたことを，次の①〜③のようにノートにまとめた。

【はるかさんのノートの一部】

① 地球規模での大気の動きについて

　図1は，北半球での大気の動きの一部を模式的に表したものである。中緯度の上空で南北に蛇行しながら西から東へ向かう大気の動きを X という。とくに強い X をジェット気流という。低緯度と高緯度にもそれぞれの大気の動きがあり，このような，いくつかの大きな

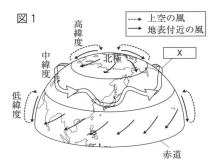

図1

大気の動きが合わさって，大気は地球規模で循環しているといえる。

② 陸風と海風について

　陸と海とでは，あたたまり方がちがうので，陸上と海上とで気温差が生じて，風がふくことがある。これを，海陸風という。

③ 日本の季節による天気について

〔冬の天気〕図2は，日本の冬の季節風と天気を模式的に表したものである。大陸で発達した気団から冷たく乾燥した大気がふき出し，日本海を越えて日本列島の山脈にぶつかると日本海側

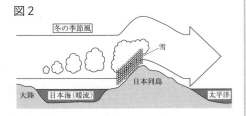

図2

の各地に雪を降らせ，山脈を越えて太平洋側にふき下りる。

〔春と秋の天気〕日本付近は，おおむね4〜7日の周期で天気が移り変わることが多い。

〔つゆの天気〕6月頃になると，日本の北側の気団と太平洋上の気団が日本付近でぶつかり合い，間にできた気圧の谷に停滞前線が発生し，ほぼ同じ場所にしばらくとどまる。

〔夏の天気〕日本の南側にある太平洋高気圧が発達し，日本はあたたかく湿った気団におおわれる。蒸し暑く晴れることが多い日本の夏の天気は，主に太平洋高気圧によってもたらされている。

(1) ①について，次の(a)，(b)の各問いに答えなさい。

よくでる (a) ⎡ X ⎤ に入る大気の動きは何か，その名称を書きなさい。

〔　　　　　　　　　　〕

(b) 日本の天気の変化に関わる現象の中で，⎡ X ⎤ が直接影響をあたえている現象は何か，次のア～エから最も適当なものを1つ選び，その記号を書きなさい。

ア　春の強い風が南からふくこと。

イ　日本付近で台風の進路が変化すること。

ウ　秋雨前線による雨が降ること。

エ　冬の朝方に濃霧がみられること。

〔　　　　　〕

(2) ②について，晴れた日の昼と夜において，それぞれ気温が高いのは陸上と海上のどちらか，また，晴れた日の昼と夜において，海陸風の向きとして正しいものはA，Bのどちらか，表のア～エから最も適当な組み合わせを1つ選び，その記号を書きなさい。

	ア	イ	ウ	エ
昼に気温が高い	海上	海上	陸上	陸上
夜に気温が高い	陸上	陸上	海上	海上
昼	A	B	A	B
夜	B	A	B	A

〔　　　　　〕

(3) ③について，次の(a)～(d)の各問いに答えなさい。

よくでる (a) 冬の天気について，冬の季節風が大陸の上では乾いているにもかかわらず，日本海側の各地に雪を降らせるのは，大気の状態のどのような変化によるものか，「暖流」，「水蒸気」という2つの言葉を使って，簡単に書きなさい。

〔　　　　　　　　　　　　　　　　　〕

(b) 春と秋の天気について，日本の天気が周期的に移り変わるのは，日本付近を低気圧と高気圧が交互に通過することが原因である。このとき日本付近を通過する高気圧を何というか，その名称を書きなさい。

〔　　　　　　　　　　〕

(c) つゆの天気について，停滞前線を表す天気記号はどれか，次のア～エから最も適当なものを1つ選び，その記号を書きなさい。また，つゆの時期にみられる停滞前線を何というか，その名称を漢字で書きなさい。

ア ⎯⚫⚫⚫⎯　イ ⎯⚫⚫⎯　ウ ⎯▼▼⎯　エ ⎯▼⚫▼⚫⎯

記号〔　　〕　名称〔　　　　　　　　〕

必ず得点 (d) 夏の天気について，太平洋高気圧の発達によって日本の南の海上にできるあたたかく湿った気団を何というか，その名称を書きなさい。

〔　　　　　　　　　　〕

実戦模試

1 思考力問題演習① ··· 168

2 思考力問題演習② ··· 172

思考力問題演習①

1 生物のはたらきについて調べるために，実験を行った。次の問いに答えなさい。

図
三角フラスコX, Y
透明なフィルム

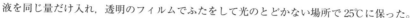

<実験>

Ⅰ 図のように，田んぼの水をろ過し，三角フラスコ X にはそのまま，三角フラスコ Y には沸騰させて冷やしたものを同量入れた。これに，うすいデンプン溶液を同じ量だけ入れ，透明のフィルムでふたをして光のとどかない場所で25℃に保った。

Ⅱ 試験管 A，B に三角フラスコ X の液を，試験管 C，D に三角フラスコ Y の液を，それぞれ 3cm³ ずつ入れ，試験管 A，C にヨウ素液を入れ，試験管 B，D にベネジクト液を加えて加熱し，変化を調べた。

Ⅲ 三角フラスコ X，Y 内の二酸化炭素の割合を，気体検知管で調べた。

Ⅳ Ⅱ，Ⅲの操作を，うすいデンプン溶液を加えた直後，2日後，4日後に行い，結果を表にまとめた。

表

	直後	2日後	4日後
A	青紫色	変化なし	変化なし
B	変化なし	赤褐色の沈殿	変化なし
C	青紫色	青紫色	青紫色
D	変化なし	変化なし	変化なし
X	0.04%	0.97%	1.98%
Y	0.04%	0.04%	0.04%

Ⅴ 三角フラスコ Y の液を試験管 E に 3cm³ とり，ヒトのだ液を加え，40℃で30分保ったのち，ベネジクト液を加えて加熱したところ，赤褐色の沈殿が見られた。

(1) 表の試験管 B の反応が，2日後と4日後で異なるのはなぜか。理由を書きなさい。

[   ]

(2) 表の三角フラスコ X，Y の二酸化炭素の割合の変化の違いから，わかることを書きなさい。

[   ]

(3) 表の結果から，田んぼの微生物はどのようなはたらきをしていると考えられるか。「有機物」と「無機物」の2語を使って書きなさい。

[   ]

(4) 微生物のはたらきについて，下の①，②の影響を調べるには，三角フラスコの条件をどのように変えればよいか。それぞれ実験方法を書きなさい。

① 温度 [   ]

② 酸素の量 [   ]

(5) ヒトのだ液に含まれる，デンプンを分解する酵素は何か。名称を答えなさい。　〔　　　　　　　　〕

(6) ヒトは，デンプンをなんという物質に変えて，何という器官で体内に吸収するか。それぞれ書きなさい。

物質〔　　　　　　　〕　　器官〔　　　　　　　〕

2 大地の変化について，次の問いに答えなさい。

ある地域の地形図である図1のA〜Cの3地点でボーリング調査を行い，その結果を図2のように，柱状図で表した。この地域の地層は，ある傾きをもって平行に積み重なっており，曲がったりずれたりせず，地層の逆転もないことがわかっている。また，凝灰岩の層が1つだけであることもわかっている。

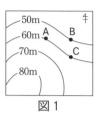
図1

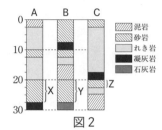
図2

泥岩
砂岩
れき岩
凝灰岩
石灰岩

(1) 石灰岩の主成分は何ですか。物質名を書きなさい。　〔　　　　　　　　〕

(2) 凝灰岩の層のように，離れた地点の地層を比較し，地層の広がりを調べるときの手がかりになる地層を何というか，書きなさい。　〔　　　　　　　　〕

(3) 図2のX〜Zの地層のうち，堆積した時代が最も古いものと最も新しいものを選び，それぞれ記号で答えなさい。

最も古い〔　　　〕　　最も新しい〔　　　〕

(4) 図1について，この地域の地層はどの方角に向かって傾いているか，四方位で答えなさい。　〔　　　　〕

図3は，ある地方で発生した地震の震央，地点D，Eの位置を示したものである。震源から地点Dまでの距離は56km，地点Eまでの距離は224kmで，地点Dでは，13時6分33秒にP波を観測した。

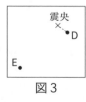
図3

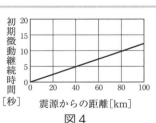
図4

図4は，この地震における，震源からの距離と，初期微動継続時間の関係を表したものである。ただし，S波が伝わる速さは3.5km/sとする。

(5) 地震が発生してから，地点Dに，P波が到達するまでにかかった時間は何秒ですか。数字で答えなさい。　〔　　　　　　　　〕

(6) 地点Eに，P波が到達する時刻を答えなさい。〔　　　　　　　　〕

3 うすい水酸化ナトリウム水溶液 P，うすい塩酸 Q，マグネシウムを使って，実験を行った。次の問いに答えなさい。

図1

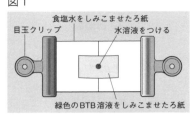

目玉クリップ　食塩水をしみこませたろ紙　水溶液をつける
緑色のBTB溶液をしみこませたろ紙

<実験1>
　図1のように，食塩水をしみこませたろ紙の上にBTB溶液をしみこませたろ紙を置き，中央にP液をつけたところ，置いた部分が ① 色に変化した。これに電圧をかけると， ① 色の部分が ② 極側へ広がっていった。

<実験2>
Ⅰ　試験管A〜Eを用意し，それぞれに異なる量のP液を入れてから，Q液5cm³を少しずつ加えながらよくふり混ぜた。
Ⅱ　Ⅰの試験管A〜Eに，それぞれマグネシウム0.10gを加えたところ，試験管A〜Dでは気体が発生したが，試験管Eでは発生しなかった。気体が発生しなくなったあと，溶け残ったマグネシウムの質量を調べ，表にまとめた。

表

試験管	A	B	C	D	E
P液の量 (cm³)	1	2	3	4	5
溶け残ったマグネシウムの質量(g)	0.00	0.01	0.04	0.07	0.10

(1) 実験1の①・②にあてはまることばを書きなさい。

①〔　　　　〕　②〔　　　　〕

(2) 実験2のⅠにおける試験管A〜Eの混合液について，水素イオンの数が最も多いのはどれか。記号で答えなさい。

〔　　　　〕

(3) 実験2のⅠにおける試験管C〜Eの混合液について，pHの値を比較するとどのようになるか。適当なものを下から選び，記号で答えなさい。
　ア　C＝D＝E　　　イ　C＞D＞E　　　ウ　C＜D＜E
　エ　C＞D＝E　　　オ　C＜D＝E　　　　　　　　〔　　　　〕

(4) 実験2のⅠにおける試験管Eの混合液中にあるイオンを，すべてイオン式で書きなさい。ただし，イオンがないときは×と書きなさい。

〔　　　　　　　　　　〕

(5) 実験2のⅠで，試験管BにQ液を少しずつ加えていったときの，加えたQ液の体積と試験管Bの中の混合液に含まれる陰イオンの数との関係のグラフを，右の図にかきなさい。ただし，P液5cm³に含まれるイオンの数を2a個とする。

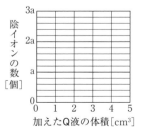

(6) 実験2のⅡのあと，試験管Aにさらにマグネシウム0.10gを加え，十分に時間がたったときの，残ったマグネシウムの質量は何gか。

〔　　　　　　　　〕

$\boxed{4}$ 光の進み方について調べるために，実験を行った。これについて，次の問いに答えなさい。

＜実験1＞

図1は，鏡Xと鏡Yを直角になるように垂直に立てたものを真上から見たようすを表している。P点から光を出して，鏡Xと鏡Yでそれぞれ1回ずつ反射させて，Q点を通過するようにした。

図1

(1) 実験1で，P点からの光は，図1のア〜カのどの点に当てればよいか。記号で答えなさい。

〔　　　〕

＜実験2＞

太郎さんと妹の花子さんが，床に対して垂直に立てた鏡に，全身をうつしてみようとして，並んで立ったところ，花子さんの足先が見えなかった。

(2) 太郎さんと花子さんが，2人それぞれが自分の全身を見るためには，鏡の縦の長さは少なくとも何cm必要で，鏡の下端の高さは床から何cmにすればよいか。ただし，太郎さんの身長は158cmで，目の高さが142cm，花子さんの身長は132cmで，目の高さは118cmである。

縦の長さ〔　　　〕　下端の高さ〔　　　〕

＜実験3＞

Ⅰ 図2のように，半円形ガラスを，中心をOにして，直線部分をQSに合わせて

図2

表

入射角a〔°〕	10	20	30	40	50	60	70	80
屈折角b〔°〕	7	13	20	26	30	36	40	42
反射角c〔°〕	10	20	30	40	50	60	70	80

置いた。光源をPとQの間に置き，円の中心に光を当て，入射角a，屈折角b，反射角cを測定し，表にまとめた。

Ⅱ 光源をRとSの間に置き，円の中心にORとなす角（入射角）が20°になるように光を当て，光の道筋を調べた。

(3) 実験3のⅠについて，入射角aが50°のときの，反射光の道筋を点線（--------），屈折光の道筋を実線（———）で，右の図にかきいれなさい。

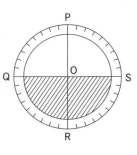

(4) 実験3のⅡについて，光の屈折角は何°になるか。数字で答えなさい。

〔　　　〕

1 植物のふえかたについて調べた。下の問いに答えなさい。

> ジャガイモは花をさかせて種子をつくり,子孫を増やすことができるが,おもに無性生殖で生産される。

(1) 図は,花粉管がのびたジャガイモの花粉を模式的に表した
ものである。Xで示した生殖細胞をなんと呼ぶか。名称を書
きなさい。　　　　　　　　　　　　[　　　　　　　　]

図

X

(2) ジャガイモのからだをつくる細胞の染色体の数は48本で
ある。このとき,生殖細胞の染色体の数は,ふつう何本か。
数字で答えなさい。

[　　　　　　　　]

(3) 染色体の中にある遺伝子の本体の物質を何というか。名称を書きなさ
い。　　　　　　　　　　　　　　　[　　　　　　　　]

(4) 無性生殖の例として適当なものを下から全て選び,記号で答えなさい。

　ア　イヌワラビは,胞子から新しい個体ができる。

　イ　ミカヅキモは,細胞分裂で新しい個体ができる。

　ウ　オランダイチゴは,茎の一部をのばした先端に根や葉をつくること
　　で新しい個体ができる。

　エ　ヒキガエルは,受精卵が細胞分裂することで成長することができる。

　オ　イチョウは,むき出しの胚珠に花粉がついて新しい個体ができる。

[　　　　　　　　]

(5) ジャガイモがおもに無性生殖で生産されるのはなぜか。その理由を,
「遺伝子」と「形質」の2語を使って書きなさい。

> 親の形質をどのように子孫が受けつぐかを調べるために,メンデルの実験についてまとめた。
> ①　丸い種子をつくる純系のエンドウのめしべに,しわのある種子をつくる純系のエンドウの花粉を受粉させたところ,子はすべて丸い種子になった。
> ②　①でできた丸い種子をまいて育て,自家受粉させたところ,できた孫の丸い種子としわのある種子の数の比がおよそ3:1になった。

[　　　　　　　　]

(6) 丸い種子をつくる遺伝子の記号をA,しわのある種子をつくる遺伝子
の記号をaとする。このとき,②でできた孫のうち,丸い種子の遺伝
子の組み合わせをすべて書きなさい。

[　　　　　　　　]

(7) ②でできた孫の種子をすべてまいてエンドウを育てた。これらのエン
　　ドウがつくる生殖細胞のうち，丸い種子をつくる遺伝子をもつ生殖細胞
　　は何％あると考えられるか。数字で答えなさい。　　　　　　〔　　　　　〕

2　水蒸気が雲になることについて，次の問いに答えなさい。

(1)　図1は，地上付近の空気のかたまりの状態を模式的に表し　図1
　　たものである。わくの大きさは空気のかたまりの体積を，●
　　の数は水蒸気の量を，○の数はまだふくむことができる水蒸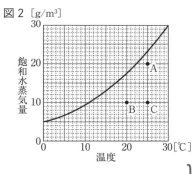
　　気の量をそれぞれ示している。図1の空気のかたまりが上昇し，雲がで
　　きる少し前の高さにあるときの状態を表したものとして，最も適当なも
　　のを下から選び，記号で答えなさい。　　　　　　　　　　〔　　　　　〕

ア 　イ 　ウ 　エ

(2)　図2のグラフは，空気の温度と飽和　図2 〔g/m³〕
　　水蒸気量の関係を表している。点A〜
　　Cで示した空気のかたまりが，同じ高
　　さから上昇して雲になるとき，最も低
　　い高さで雲になるのはどの空気と考え
　　られるか。1つ選び，記号で答えなさい。
　　また，そう考えた理由を書きなさい。

記号〔　　　〕理由〔　　　　　　　　　　　　　　　　　　　　　　　〕

(3)　前線と雲の変化を説明した次の文の①〜④に入る言葉を書きなさい。

> 北の冷たい空気（寒気）と南のあたたかい空気（暖気）が接した境界面が前線面である。
> 暖気は寒気より密度が ① いため，暖気は寒気の上に移動し， ② 気流となって
> 雲ができる。このうち，寒気がもぐり込みながら進む前線を寒冷前線といい， ③
> 雲が発生しやすく，強い雨が短時間に降る。また，暖気がはい上がるように進む前線
> を温暖前線といい， ④ 雲が発生しやすく，弱い雨が長時間降り続くことが多い。

①〔　　　　〕②〔　　　　〕③〔　　　　〕④〔　　　　〕

(4)　図3のように，冬にシベリア　図3
　　気団からふき出した季節風は，
　　日本列島の山脈にぶつかると強
　　い上昇気流になって雲を発生させ，日本海側にたくさんの雪を降らせる。
　　シベリア気団の空気はもともと乾燥しているのに，たくさんの雪を降ら
　　せることができる理由を書きなさい。

〔　　　　　　　　　　　　　　　　　　　　　　　　　　　　　　　　〕

(5) はじめ日本海側で気温0℃，湿度80％だった空気のかたまりが，太平洋側へふき下りたときは気温5℃，湿度24％になっていた。この間に，この空気のかたまりの水蒸気の量は，はじめの何％になったか。図2のグラフを参考に，最も適当なものを下から選び，記号で答えなさい。

ア　20％　　　イ　40％　　　ウ　60％　　　エ　80％

〔　　　　〕

3 銅と炭素を用いて，実験を行った。これについて，次の問いに答えなさい。

図1
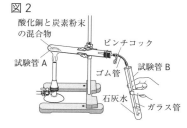
ステンレス皿　　　銅の粉末
ガスバーナー

<実験1>
図1のように，同じステンレス皿にいろいろな質量の銅の粉末をのせ，粉末の色がすべて変化するまで十分に加熱した。表は，ステンレス皿全体の加熱前の質量と，加熱してから十分に冷やしてから測ったステンレス皿全体の質量をまとめたものである。

表

加熱する前の全体の質量(g)	23.45	23.65	23.85	24.05	24.25
加熱した後の全体の質量(g)	23.55	23.80	24.05	24.30	24.55

(1) 表から，銅0.2gが酸素と結びついて酸化銅になったときの質量は何gになるとわかるか。数字で答えなさい。　〔　　　　〕

(2) 銅と，銅に結びつく酸素の質量の比は，何：何か。最も簡単な整数で答えなさい。　　〔 銅：酸素 ＝　　　：　　　〕

(3) 実験1で使用したステンレス皿の質量は何gか。数字で答えなさい。
〔　　　　〕

<実験2>
図2のように，酸化銅0.80gと十分に乾燥させた炭素の粉末0.03gとをよく混ぜ合わせて，乾いた試験管Aに入れて加熱したところ，試験管Bの石灰水が白くにごった。ガラス管の先から気体が出なくなってから，ガラス管を石灰水から取り出して加熱をやめ，ゴム管をピンチコックで閉じた。試験管Aが十分に冷めてから，残った物質には赤い色と黒色の物質が見られ，これを取り出し質量を測定すると0.72gであった。

図2
酸化銅と炭素粉末の混合物
ピンチコック
試験管A
ゴム管
試験管B
石灰水
ガラス管

(4) 実験2で発生した気体は何か。化学式で書きなさい。

〔　　　　〕

(5) (4)の気体は何g発生したか。数字で答えなさい。　〔　　　　〕

(6) 試験管Aに残った物質のうち，黒色の物質は何か。化学式で書きなさい。ただし，試験管Aの中の炭素はすべて反応したものとする。

〔　　　　〕

(7) (6)の物質の質量は何gか。数字で答えなさい。　〔　　　　〕

4 電熱線を用いて，実験を行った。これについて，次の問いに答えなさい。ただし，電熱線から発生した熱は，すべて水の温度上昇に使われるものとする。

<実験1>
　図1のような装置を用いて，電熱線A〜Dにそれぞれ電流を流し，水の上昇温度を調べた。発泡ポリスチレンのカップには，室温と同じ20℃で水85gを入れ，スイッチを入れてから5分間ときどきかき混ぜながら電流を流した。表は，その結果をまとめたものである。

図1

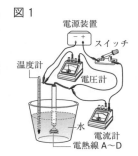

(1) 電熱線Bの抵抗は何Ωか。数字で答えなさい。

〔　　　　　〕

(2) 電熱線Bの5分間の発熱量は何Jか。数字で答えなさい。

〔　　　　　〕

表

電熱線	A	B	C	D
電流[A]	1.0	2.0	3.0	X
電圧[V]	6.0	6.0	6.0	3.0
はじめの水温[℃]	20.0	20.0	20.0	20.0
5分後の水温[℃]	25.0	30.0	35.0	Y

(3) 1gの水の温度を1℃上昇させるのに必要な熱量は何Jか。わり切れない時は，小数第2位を四捨五入して，小数第1位までの小数で答えなさい。　　　〔　　　　　〕

(4) 表のX，Yにあてはまる数字を，それぞれ書きなさい。ただし，電熱線Dの抵抗を3.0Ωとする。

X〔　　　　　〕　Y〔　　　　　〕

<実験2>
① 図2のように，電熱線Aと電熱線Bをつなぎ，発泡ポリスチレンのカップに20.0℃85gの水を入れ，スイッチを入れて5分後の水の上昇温度を調べた。このとき，電圧計は6.0Vを示していた。

図2

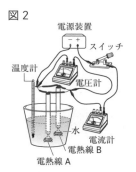

図3

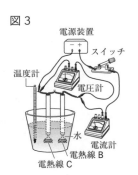

② 図3のように，電熱線Bと電熱線Cをつなぎ，発泡ポリスチレンのカップに20.0℃85gの水を入れ，スイッチを入れて5分後の水の上昇温度を調べた。このとき，電圧計は6.0Vを示していた。

(5) 実験2の①で，水温は何℃上昇したか。数字で答えなさい。

〔　　　　　〕

(6) 実験2の②で，水温は何℃上昇したか。数字で答えなさい。

〔　　　　　〕

監修：栄光ゼミナール（えいこうゼミナール）

首都圏を中心に、北海道・宮城県・京都府など約300校を展開する大手進学塾。

「受験は戦略だ。」をコンセプトに、少人数クラスで生徒の学ぶ意欲を引き出し、生徒が自ら学ぶ姿勢を育てる。また、豊富なデータや経験を活かした効果的な指導で、志望校合格へ導く。

高校入試対策では、地域の出題傾向に沿った指導に定評がある。2020年の高校入試合格総数は12,000名超。各都道府県のトップ校の合格者を多数輩出し、高い合格率をほこる。

志望校合格のため、部活動や習い事との両立、家庭学習の取り組み姿勢、併願校の選定など入試当日までの学習計画立案、定期テストや内申対策など、高校受験を勝ち抜くために必要なサポートをトータルで行っている。

編集協力：株式会社カルチャー・プロ
校正　　：多々良拓也、有限会社マイプラン
組版　　：株式会社群企画
図版　　：株式会社群企画、株式会社アート工房

※本書の解説は、都道府県教育委員会から提供等を受けた問題・解答などをもとに作成した、本書独自のものです。

※本書に掲載されている解答は、都道府県教育委員会から提供等を受けた問題・解答に記載されたものではなく、本書独自のものである場合があります。

※一部の問題の図版や写真は、元の問題から差し替えている場合がありますが、問題の主旨を変更するものではありません。

こうこうにゅうしたいさくもんだいしゅう　　ごうかく　　　　　　さいたんかんせい　　りか
高校入試対策問題集　合格への最短完成　理科

2020年 7 月31日　初版発行
2022年 7 月20日　 4 版発行

えいこう
監修／栄光ゼミナール

発行者／青柳　昌行

発行／株式会社KADOKAWA
〒102-8177　東京都千代田区富士見2-13-3
電話 0570-002-301（ナビダイヤル）

印刷所／図書印刷株式会社

解答・解説

1 仕事とエネルギー

問題→P8

1

(1) 4N　(2) 0.6J　(3) A $\frac{1}{2}$(0.5)

B 2　⑦～⑰ ⑰　(4) 0.12W

解説

(1) おもりを引き上げる速さが一定なので，ばねばかりにかかる力はおもりにかかる重力と同じになる。$\frac{400}{100} = 4$ [N]

(2) $4 \times \frac{15}{100} = 0.6$ [J]

(4) (3)から，手でひもを引く力の大きさは0.5倍の $4 \times 0.5 = 2$ [N]，手で引く速さは，おもりを3cm引く間に2倍の6cmを引いているので，2倍の $3 \times 2 = 6$ [cm/s] である。$2 \times \frac{6}{100} = 0.12$ [W]

2

(1) ⓐ 2　ⓑ 3　(2) 7.2cm

(3) 力学的エネルギー保存の法則
（力学的エネルギーの保存）

(4) 下の図

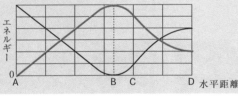

解説

(2) 質量10gの小球をPから落下させたときの結果を基準とすると，15gの小球を斜面上の高さ30cmの位置から落下させているので，

$1.6 \times \frac{15}{10} \times \frac{30}{10} = 7.2$ [cm]

(4) 位置エネルギーと運動エネルギーの和は一定であるため，グラフに表すと，2つのエネルギーは対称になる。

2 電流の性質

問題→P13

1

(1) 右の図

(2) 抵抗器 ⑦

理由 (例) 抵抗器⑦と抵抗器⑦には同じ電圧が加わっているが，抵抗器⑦に流れる電流は抵抗器⑦に流れる電流より小さいから。

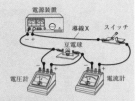

(3) ⑦ 1.2V　⑦ 1.8V

(4) ウ→ア→イ→エ

(5) ① イ

② (例) 大きな電流が流れて発熱する

解説

(2) 電圧が同じとき，抵抗が大きいほど，流れる電流は小さくなる。

(3) 実験②から，抵抗器⑦の抵抗は 10 Ω（3 ÷ 0.3），抵抗器⑦の抵抗は 15 Ω（3 ÷ 0.2）。実験③では抵抗器⑦，⑦とも 0.12A（120mA）の電流が流れているので，抵抗器⑦に加わる電圧は 1.2V（0.12 × 10），抵抗器⑦に加わる電圧は 1.8V（0.12 × 15）。

(4) 実験①で豆電球に流れる電流を基準とすると，ウは並列つなぎなので実験①と同じである。抵抗器と直列つなぎになっているア，イ，エのうち，抵抗器と直列になっている部分の抵抗が小さいほど流れる電流が大きくなり明るくなる。

2

(1) (例) カップ内の水温を均一にするため。

(2) 4.0 Ω

(3) 記号 ア　数値 4500

(4) 3.0℃　(5) 28.5℃

解説

(2) 表Ⅰから，6.0 [V] ÷ 1.5 [A] = 4.0 [Ω]

(3) 表Ⅰから，2.5 [A] × 6.0 [V] × 5 [分] × 60 [秒] = 4500 [J]

(4) (3) から，電熱線 C では 4500J の発熱量で 12.5℃（33.5 − 21.0）上昇している。この電熱線の発熱量は，1.0［A］× 3.6［V］× 5［分］× 60［秒］= 1080［J］なので，上昇温度は 3.0℃ $\left(12.5 \times \dfrac{1080}{4500}\right)$ となる。

(5) 電熱線 B と電熱線 E を直列つなぎにしているので，どちらにも同じ 1.0A の電流が流れる。電熱線 B にかかる電圧は，表 I より 2.0A 流れているときには 6.0V の電圧がかかっているので，1.0A の電流が流れているとき，1.0［A］× $\dfrac{6.0［V］}{2.0［V］}$ = 3.0［V］となる。そのため，発熱量は，1.0［A］× 3.0［V］× 5［分］× 60［秒］= 900［J］で，上昇温度は 2.5℃ $\left(12.5 \times \dfrac{900}{4500}\right)$。電熱線 E による上昇温度は，表 II から 5℃。したがって，水温は 21.0 + 2.5 + 5.0 = 28.5［℃］となる。

PART1
物理分野

3 力による現象

問題→P18

1

(1) 右の図
(2) 500Pa
(3) ① 250g
　　 ② 80cm²

解説

(1) 容器 A と水を合わせた質量が 250g なので，スポンジには 250g の物体にはたらく重力と同じ 2.5N の大きさの力がかかる。方眼 1 目盛りが 0.5N なので，矢印は 5 目盛り分（2.5 ÷ 0.5）の長さになる。

(2) スポンジを垂直に押す力は 1 N，力がはたらく面積は $\dfrac{20}{10000}$ = 0.002［m²］なので，圧力は $\dfrac{1}{0.002}$ = 500［Pa］

(3) ① 表 3 から，水の質量が 50g 増えると，スポンジのへこみが 1mm 増えることがわかる。容器 B に水が入っていないとき，スポンジのへこみは 5mm なので，50 × 5 = 250 より，容器 B の質量は 250g とわかる。

② (2) から，このスポンジは 500Pa の圧力で 8mm へこむことがわかる。いま，容器 B に水を入れない時のスポンジのへこみが 5mm なので，このときの圧力は，$500 \times \dfrac{5}{8}$ = 312.5［Pa］。容器 B の底面積を x［m²］とすると，312.5 = $\dfrac{2.5}{x}$ より，x = 0.008［m²］。したがって，80cm²（0.008 × 10000）と考えらえる。

2

(1) ① 1.16　　② 1.80N
　　 ③ 100Pa　④ 4
(2) ① 3　　　② 1.20N

解説

(1)① 水面から物体の下面までの距離が 4 cm 以上のとき，物体はすべて水中にある。このとき浮力は一定になるので，物体 A のばねばかりの値は 1.16N で変化しない。

② 水面から物体 A の下面までの距離が変化しても，物体 A にはたらく重力の大きさは 1.80N のまま変化しない。

③ 水面から物体 B の下面までの距離が 5 cm のとき，水面から上面までの距離は 1 cm である。このとき，物体 B の上にある水の体積は 4 × 4 × 1 = 16［cm³］なので，質量は 16g。質量 16g の水にはたらく重力は 0.16N。これが 4 × 4 = 16［cm²］= 0.0016［m²］の面にかかるので，$\dfrac{0.16}{0.0016}$ = 100［Pa］

④ 物体 A の場合，水面から物体 A の下面までの距離が 1cm のときの浮力は 0.16N（1.80 − 1.64），2cm のときは 0.32N（1.80 − 1.48），3cm のときは 0.48N（1.80 − 1.32），4cm のときは 0.64N（1.80 − 1.16），5cm でも 0.64N で同じである。したがって，4 があてはまる。

(2)① 水圧は水面から深くなるほど大きく，物体の面に対して垂直にはたらく。

② このばねは，1.80N の力で 6cm のびる。図 3 のとき，図 2 のときと比べて 4cm（12 − 8）縮むので，容器の底面はばねののび 4cm 分の力で上向きに押していることになる。したがって，$1.80 \times \dfrac{4}{6}$ = 1.2［N］とわかる。

問題→P23

1

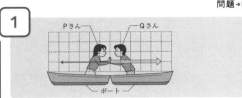

解説

　PさんがQさんに力を加えたとき，同時に同じ大きさの逆向きの力を受ける。Pさんが加える力の大きさが5目盛り分なので，Qさんから受ける力の大きさも同じ5目盛り分である。

2

(1)　2力のつり合い　aとb
　　作用・反作用　aとc
(2)　11N

解説

(1)　本にかかる力はaとbで，これらがつり合う。aは机からの垂直抗力で，aの反作用がc（cの反作用がa）である。

(2)　本に着目すると，辞書が本を押す力$\left(\dfrac{500}{100} = 5\,[N]\right)$と本が受ける重力$\left(\dfrac{600}{100} = 6\,[N]\right)$が，机が本を押す力とつり合う。5 + 6 = 11 [N]

3

(1)　（例）台車にはたらく運動方向の力が，実験2の方が大きいから。
(2)　①　80cm/s　②　エ
(3)　（例）床からの高さが等しくなるように設定した。

解説

(2)①　5打点する時間は0.1秒$\left(\dfrac{1}{50} \times 5\right)$なので，台車の速さは$\dfrac{8.0}{0.1} = 80\,[cm/s]$

　②　水平な床を進んでいるときの速さは，実験1よりも実験2の方が速いので，同じ時間に進む移動距離は実験2の方が大きくなる。

(3)　水平な床を進む速さが等しくなっているの

で，同じ高さに置いて，台車を離す高さでの位置エネルギーを同じにしたと考えられる。

4

(1)　ウ
(2)　2.8m/s
(3)　右の図
(4)　ウ
(5)　ア

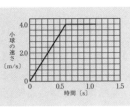

解説

(1)　小球にかかる力は，重力と斜面からの垂直抗力である。

(2)　140cm = 1.4m，$\dfrac{1.4}{0.5} = 2.8\,[m/s]$

(3)　小球の速さは4.0m/sまで，時間に比例して増加する。動き出してから0.6秒後に4.0m/sになり，さらにFまで0.5s$\left(200cm = 2\,m, \dfrac{2}{4.0}\right)$かかる。

(4)　小球を離す高さとGの高さの差は，どちらも同じ60cm（80 − 20）で，**位置エネルギーの減少量が同じ**である。したがって，Gでの速さも同じになる。

(5)　高さ0cmの面上の速さの方が，高さ20cmの面上より速い。高さ0cmの面が長い図1の方が，短い時間でGに到達する。

5

(1)　等速直線　　(2)　310cm/s
(3)　イ

解説

(2)　$15.5 \div \dfrac{1}{20} = 310\,[cm/s]$

(3)　等速直線運動をしているとき，重力と空気の抵抗はつり合っている。

6

(1) 下の左図　(2) エ
(3) 下の右図

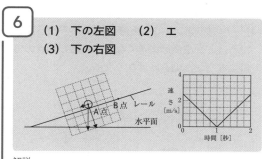

解説

(2) 運動の向きに一定の力がはたらき続けるとき，物体の速さは一定の割合で増加する。

(3) 2秒後にA点に戻ってくるときの速さは，おし出したときと同じ2.5m/sである。小球がレールを上るときも，下るときも，速さの変化の割合は同じなので，2つの直線をつなげた形になる。なお，0〜1秒は上向きの運動，1〜2秒は下向きの運動である。

PART1
物理分野

5 力のつり合いと合成・分解

問題➡P29

1

(1)a （例）大きさは等しい
 b （例）向きは反対である
(2) 右の図
(3) 120°
(4) ウ

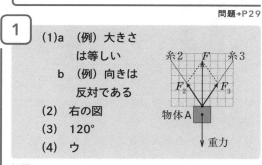

解説

(3) F と F_2 を2辺とする三角形と，F と F_3 を2辺とする三角形は，ともに正三角形になる。

2

(1) 50N　(2) ウ

解説

(1)・(2) 板に着目すると，小球が板を押す力（30N）と板が受ける重力（20N）が，床が板を押す力とつり合う。30 + 20 = 50 [N]

3

右の図

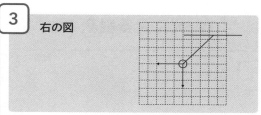

解説

小球にはたらく重力とひも2を引く力の合力が，ひも1が小球を引く力とつり合う。

4

(1) 右の図
(2) 台車A 4個
 台車B 3個

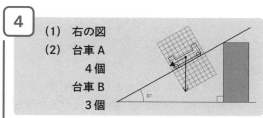

解説

(2) 台車Aとおもりにはたらく重力を xN，台車Bとおもりにはたらく重力を yN とおくと，それぞれ3以上の整数になる。ばねaにかかる力は，$\frac{1.5}{3.0}x = \frac{1}{2}x$[N]，ばねbにかかる力は，$\frac{1.5}{2.5}y = \frac{3}{5}y$[N] である。ばねaとばねbの長さが等しいとき，ばねaとばねbにかかる力も等しいので，$\frac{1}{2}x = \frac{3}{5}y$ が成り立つ。x と y の最も小さい組み合わせは，$x = 6$，$y = 5$ となる。台車A，Bにかかる重力はそれぞれ2N，おもり1個にかかる重力は1Nなので，台車Aには4個 $\left(\frac{6-2}{1}\right)$，台車Bには3個 $\left(\frac{5-2}{1}\right)$ のせたときとわかる。

6 光による現象

問題→P35

1

1

解説

　レンズの中を進む光は，右の図の破線のように進み，レンズの上を進む光は，実線のように進む。

半円形レンズ　カード
O
観察した方向

2

⑦～⑨　ア　①，②　エ

解説

　線香花火の玉から出た光は，次の図の点線………の矢印のように進む。**線香花火の玉が落ちはじめると，破線---の矢印のように水面で反射する位置が変わる。**

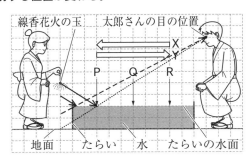

線香花火の玉　太郎さんの目の位置
X
Y
P　Q　R
地面　たらい　水　たらいの水面

3

(1)　右の図
(2)　6 cm
(3)　①　イ
**　　　②　ウ**
**　　　③　イ**
(4)　イ

凸レンズ
点P　光a
凸レンズの軸　焦点　焦点

解説

(2)　図2のグラフから，凸レンズから物体までの距離と凸レンズからスクリーンまでの距離が同じになる距離は12cmとわかる。この距離は焦点距離の2倍なので，焦点距離は6cm（12÷2）。

(3)　レンズの上半分を通る光だけで像をつくることはできるので，像の大きさや形は変わらない。しかし，**レンズを通る光の量が半分になる**

ので，像の明るさは暗くなる。

(4)　下の図のように，**光源を凸レンズから遠ざけるほど，虚像は大きくなり，光源が焦点の位置になると，像を結ばなくなる。**

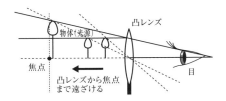

凸レンズ
物体(光源)
焦点
目
凸レンズから焦点まで遠ざける

4

(1)　エ　(2)　ウ　(3)　エ
(4)　全反射

解説

(1)・(2)　次の図のように，ハナコさんの足先は鏡の下端より少し下，頭の先は鏡の上端より少し下にうつって見える。鏡からの距離が近くなっても，うつる位置は変わらない。

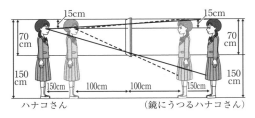

15cm　15cm
70cm　70cm
150cm　150cm
150cm　100cm　100cm　150cm
ハナコさん　（鏡にうつるハナコさん）

(3)　光が水中から空気中に出るとき，水側に屈折して進む。

(4)　入射角がある大きさより大きくなると，屈折光が水中から出なくなる。このとき，光は全反射する。

7 エネルギーの移り変わり

問題→P40

1

イ→エ→ウ→ア

解説

　ガスの燃焼（ガスバーナー）→熱の放出（炎）→水の分子の振動・羽の回転（沸騰・気化による体積増）→発電（モーター）の順にエネルギーが移り変わっている。

2

(1) エ
(2) （例）車両 A の位置エネルギーは増加するが，車両 B と車両 C の位置エネルギーの合計は増加しないから。
(3) 225kW

解説
(1) 車両 A の位置エネルギーは時間に比例して増加するが，速さが一定なため運動エネルギーは一定である。
(3) 車両 B を引き上げるために，方式 Q のモーターがした仕事の仕事率は，$\dfrac{54000}{5 \times 60} = 180 \,[\mathrm{kW}]$ である。図 3 より，仕事率が 180kW のときのモーターの効率は 80％ なので，モーターに供給された電力は，$180 \div \dfrac{80}{100} = 225 \,[\mathrm{kW}]$。

3

(1) 35J　(2) ウ

解説
(1) $5.0 \times 0.7 \times 10 = 35 \,[\mathrm{J}]$

4

(1) ウ，ア，イ　(2) 熱エネルギー

解説
(1)・(2) 光エネルギーへの変換効率が高いほど，使用時の発熱量が少ない。

5

(1) （例）天気によって利用できる太陽光エネルギーが変化し，発電量に影響するから。
(2) 再生可能　(3) 光合成

解説
(3) 植物は光エネルギーを使って，二酸化炭素と水から，酸素とデンプンなどをつくり出す。この化学反応を光合成という。

問題→P45

1

(1) ウ
(2) （例）コイルに流れる電流の大きさが大きくなったから。
(3) イ，ウ

解説
(2) 回路全体の抵抗が小さくなるので，流れる電流は大きくなる。
(3) 実験 3 で，図 5 のアルミニウム製のパイプは，X 側に動く。U 字型磁石による磁界の向きや電流の向きが逆になると，それぞれパイプが動く向きが逆になる。

2

(1) 誘導電流
(2) （例）（力学的エネルギーが，）電気エネルギーにかわったため。
(3) ウ　(4) ア

解説
(2) エネルギーの保存により，力学的エネルギーは他のエネルギーに変換されていると考える。ここでは，回路に電流が流れたことから，電気エネルギーに変換された。
(3) 実験 1 から，磁石の S 極がコイルに近づくとき検流計は＋極側にふれることがわかる。実験 2 で，斜面をすべって磁石の S 極がコイルの上に近づくときに検流計は＋極側にふれ，磁石の S 極がコイルの上を通って遠ざかるときに検流計は－極側にふれる。
(4) 実験 2 でも，運動エネルギーの一部が電気エネルギーに変換されるので，スイッチを入れているときの方が，コイルを通過した直後の速さが遅くなる。

9 音による現象

問題→P50

1
（例）音の振動を伝える物質が少なくなった

解説
　ブザーの音は，容器内の空気→容器→空気→耳のこまく　の順に伝わる。

2
(1)　X　振動　　Y　空気　　(2)　イ
(3)　ウ→エ→イ→ア

解説
(2)　図3の音は，図2と比べて振動数が多いので高い音で，振幅が大きいので大きい音である。**木片を右に移動すると，弦の長さが短くなり音が高くなる。**また，弦を強くはじくと音が大きくなる。
(3)　おもりの質量が大きいものほど高い音が出る。高い音ほど振動数が多くなる。選択肢のグラフから，それぞれ振動数を比較する。アは $0.005 \times 6 = 0.03$（秒）の間に5回振動しているので，約170Hz。イは $0.005 \times 6 = 0.03$（秒）の間に6回振動しているので，200Hz。ウは $0.002 \times 6 = 0.012$（秒）の間に3.5回振動しているので，約290Hz。エは $0.002 \times 6 = 0.012$（秒）の間に3回振動しているので，250Hz。

3
2

解説
　同じ高さの音さを並べて，一方を鳴らすと，もう一方も鳴り始める。このような現象を共鳴という。音さAと音さBは同じ高さの音を出すので，振動数が同じになる。

4
(1)　ライトの光を見て（から）ストップウォッチを止める（まで）
(2)　344m/s

解説
(2)　Aさんがライトの光を見てから，ストップウォッチを止めるまでにかかる時間は，Bさん

に対してもCさんに対しても同じようにかかる。音を出してからライトの光が見えるまでの時間の差をとることで，この時間を相殺できると考えることができる。

$(522 - 75) \div 1.30 = 343.8\cdots$ ［m/s］

10 静電気と電流

問題→P54

1
(1)　帯電
(2)　電気　同種
　　理由　（例）どちらもアクリルパイプと引き合ったから。

解説
(2)　物体をこすり合わせることで帯電すると，一方が＋の電気を帯び，もう一方が－の電気を帯びる。異なる種類の電気を帯びていると引き合い，同じ種類の電気を帯びているとしりぞけ合う。ストローとアクリルパイプは引き合うので異種，ポリ塩化ビニルとアクリルパイプも引き合うので異種。したがって，ストローとポリ塩化ビニルは同種とわかる。

2
(1)　ウ　　(2)　電子　　(3)　エ

解説
(1)　蛍光灯は，真空放電しているガラス管内にぬった蛍光塗料が発光することを利用している。
(3)　**真空放電でおきる電子の流れを陰極線という。**陰極線は－極から出て＋極に向かうので，極を入れかえると見えなくなる。

3
(1)　放電　　(2)　ア　　(3)　イ
(4)　（例）N極を手前から近づけた。（S極を奥から近づけた。）

解説
(2)　陰極線は－の電気を帯びた電子の流れなので，＋極側に引きつけられて上に曲がる。
(3)　**磁石による磁界の向きは上から下。**導線を流れる電流による磁界の向きは，P側から見て右回りである。

(4) 実験3から，磁界が強い方（図4の**イ**）から弱い方(図4の**エ**)に力がはたらくことがわかる。陰極線を＋極から－極への電流と置き換えて考えると，下向きに力がはたらいていることから，手前からN極を近づけたか，奥からS極を近づけたかのどちらかであると考えられる。

PART2
化学分野

1 物質の成り立ち

問題→P60

1

(1)① ア
② a （例）それ以上分割できないはずの原子が分割されている。
b （例）水素原子と塩素原子の数が増えている。
(2) 右の図　●● + ○○ → ●○ ●○
　　　　　　水素　塩素　　塩化水素

解説
(1) ① 1種類の原子でできている物質を単体，2種類以上の原子でできている物質を化合物という。
(2) 水素と塩素は気体なので，2個以上の原子が集まった分子である。

2

(1) （例）石灰水が試験管に逆流しないようにするため。
(2) ① ア　② イ　③ イ
(3) $2NaHCO_3 \rightarrow Na_2CO_3 + CO_2 + H_2O$

解説
(1) 試験管の加熱部分に液体が逆流すると，試験管が割れる危険性がある。
(3) 気体Aは二酸化炭素（CO_2），固体Bは炭酸ナトリウム（Na_2CO_3）である。左右の原子の数が同じになるようにする。

3

(1) （例）水が分解されて減少するため，水酸化ナトリウム水溶液の濃度は高くなる。
(2) 4分

解説
(1) 純粋な水は電気を通さないため，水酸化ナトリウムを溶かして電気が流れるようにしているが，電気分解されるのは水だけである。
(2) 図2から，1分間に発生した気体の体積は，水素 $1.0cm^3$，酸素 $0.5cm^3$ である。表から，これらの質量は，水素 $8 \times \dfrac{1.0}{100} = 0.08$（mg），酸素 $134 \times \dfrac{0.5}{100} = 0.67$（mg）なので，減少する水の量は1分あたり0.75mg$(0.08 + 0.67)$である。したがって，3mg減少するのにかかった時間は4分（$3 \div 0.75$）とわかる。

9

2 水溶液とイオン

問題→P65

1

(1) 性質 漂白作用　名称 塩素
(2) 金属光沢
(3) $CuCl_2 \rightarrow Cu^{2+} + 2Cl^-$
(4) 1, 3

解説
(1) 塩化銅を電気分解すると，陰極に銅，陽極に塩素が発生する。塩素は黄緑色をしていて刺激臭のある有毒な気体である。また，水に溶けやすく酸性を示し，水溶液は漂白作用や殺菌作用がある。
(2) 金属の共通した性質としては，みがくと光る金属光沢，たたくと広がる展性，引き延ばすことができる延性，電気を通しやすい，熱をよく通すなどがある。
(3) 銅は電子を2個失って陽イオンになり，塩素は1個受け取って陰イオンになる。陽イオンの＋と陰イオンの－の数が等しくなっているか確認する。

2

(1) エ　(2) ウ　(3) Zn^{2+}
(4) ア　(5) エ

解説
(2) 水素は最も軽い物質で，無色無臭，水にほとんど溶けず，火をつけると燃えて水ができる。
(3) 亜鉛原子は電子を2個失って，陽イオンになる。
(4) 亜鉛原子が失った電子は導線を通って銅板に移動する。これを塩酸中の水素イオンが受け取って，気体の水素になる。
(5) 塩酸中には電離した塩化物イオンがあり，モーターが回っている間も増減しない。一方，亜鉛イオンは，電流が流れ始めると同時に発生し，増加する。

3 化学変化と物質の質量

問題→P68

1

(1) ウ, ア, イ　(2) ウ

解説
(1) 火をつけた方のスチールウールは燃焼して空気中の酸素と結びつくので，質量が大きくなる。火をつけた方の木片は，含まれている水素や炭素が，水蒸気や二酸化炭素として空気中に出て行くので，質量が小さくなる。
(2) スチールウールに火をつけて得られた黒色の物質は酸化鉄なので，うすい塩酸を加えても気体は発生しない。

2

(1) 物質名　酸化マグネシウム
　　化学式　MgO
(2) 法則名　質量保存の法則
　　（例）化学変化によって原子の種類や数は変化しないから。
(3) イ　(4) 0.066g
(5) 0.15g より小さい値

解説
(4) 実験2の結果から，マグネシウム0.02gが塩酸と反応すると，水素が20.0cm³発生することがわかる。実験3で発生した水素の体積が24.0cm³であることから，実験1で反応しなかったマグネシウムの質量は0.024gである。したがって，実験1で反応したマグネシウムの質量は0.066g（0.09 － 0.024）とわかる。
(5) 図4から，マグネシウムの質量：化合した酸素の質量 ＝ 3：2（0.6：0.4）なので，マグネシウムの質量：反応後の質量 ＝ 3：5とわかる。マグネシウム0.09gがすべて反応したとき，反応後の質量は，$0.09 \times \frac{5}{3} = 0.15$（g）なので，これより小さければ，一部が反応しないで残っていることになる。

3 (1) エ　(2) ア，エ　(3) 30%

解説

(1) 塩酸は塩化水素の水溶液で，酸性を示す。アルミニウム，鉄，マグネシウムなどと反応し水素が発生する。

(2) 図2のグラフから，うすい塩酸40.0gと炭酸水素ナトリウム5.0gが過不足なく反応して，二酸化炭素が2.5g発生することがわかる。このときの化学反応式は，$HCl + NaHCO_3 \rightarrow NaCl + H_2O + CO_2$ と表すことができる。

ア 炭酸水素ナトリウム6.0gと過不足なく反応するうすい塩酸の質量は，$40.0 \times \frac{6}{5} = 48.0$（g）なので，正しい。

イ 炭酸水素ナトリウムの質量の多少に関わらず塩化ナトリウムは発生する。

ウ・エ 塩酸がすべて反応したとき，炭酸水素ナトリウムをさらに加えても二酸化炭素は発生しなくなる。

(3) 表2から，ベーキングパウダー1gで二酸化炭素が，$40.00 + 1.0 - 40.85 = 0.15$（g）発生することがわかる。これは，炭酸水素ナトリウム1gで発生する二酸化炭素の質量の$\frac{0.15}{0.5} \times 100 = 30$（%）であることから，ベーキングパウダーに含まれる炭酸水素ナトリウムの割合も30%とわかる。

PART2 化学分野

4 いろいろな化学変化

問題→P73

1 (1) 還元　(2) 40：3　(3) C ア　E イ　(4) 酸化銅を1.6g

解説

(2) 酸化銅と炭素が過不足なく反応するとき，試験管には銅（赤色粉末）だけが残る。これは，表のDに当たるので，酸化銅の質量：炭素の質量＝4.0：0.3＝40：3

(3) Cでは酸化銅が余り，Eでは炭素が余る。

(4) **(2)** から，炭素0.6gと過不足なく反応する酸化銅の質量は，$0.6 \times \frac{40}{3} = 8$（g）である。したがって，酸化銅をあと1.6g（8 − 6.4）加えればよい。

2 (1) $Fe + S \rightarrow FeS$　(2) ① ア　② オ　③ エ　(3) 硫化銅が0.05g大きい

解説

(2) 試験管Bから発生した気体は硫化水素で，腐卵臭があり有毒である。試験管Cから発生した気体は水素である。

(3) 銅粉1.50gと硫黄0.80gを混ぜ合わせて加熱した場合，銅粉1.50gがすべて反応し硫黄が余る。このとき生じる硫化銅は$0.60 \times \frac{1.50}{0.40} = 2.25$（g）である。鉄粉1.50gと硫黄0.80gを混ぜ合わせて加熱した場合，硫黄0.80gがすべて反応し鉄粉が余る。このとき生じる硫化鉄は$5.50 \times \frac{0.80}{2.00} = 2.20$（g）である。したがって，硫化銅の質量の方が0.05g（2.25 − 2.20）大きい。

3

(1) 化合

(2) 下の図

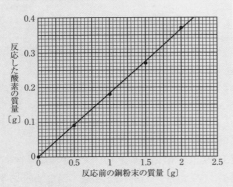

（縦軸）反応した酸素の質量〔g〕
（横軸）反応前の銅粉末の質量〔g〕

(3) 0.52g

(4) $2Ag_2O → 4Ag + O_2$

(5) （例）最初に出てくる気体は，試験管Aの中にあった空気を多く含むため。

(6) ウ→エ→イ→ア

解説

(2) 結果の表から，反応前の銅粉末の質量が0.50gのとき反応した酸素の質量は0.09g（0.59 − 0.50），1.00gのとき0.18g（1.18 − 1.00），1.50gのとき0.27g（1.77 − 1.50），2.00gのとき0.37g（2.37 − 2.00）となる。これを方眼に点でかきいれ，「比例関係がある」ことから，原点を通る直線を引く。

(3) 結果の表から，反応前の銅粉末の質量が2.00gのとき，加熱後の物質の質量は2.37gである。このとき，銅粉末に結びついた酸素の質量は0.37g（2.37 − 2.00）。反応前の銅粉末の質量：加熱後の物質の質量 = 4：5から，反応前の銅粉末の質量：銅粉末に結びついた酸素の質量 = 4：1なので，反応前の銅粉末の質量 = 0.37 $× \dfrac{4}{1}$ = 1.48（g）であることから，未反応の銅粉末の質量は，0.52g（2.00 − 1.48）。

(6) 実験2から，銀よりも銅の方が酸素と結びつきやすいとわかる。実験3から，銅より炭素の方が酸素と結びつきやすいとわかる。実験4から，炭素よりマグネシウムの方が酸素と結びつきやすいとわかる。実験5から，銀よりマグネシウムの方が酸素と結びつきやすいとわかる。以上から，酸素と結びつきやすい順に，マグネシウム，炭素，銅，銀とわかる。

PART2 化学分野

5 酸・アルカリとイオン

問題→P79

1

(1) 性質　中性　イオン　Cl^-, Na^+

(2) B　エ　　E　オ

(3) 水溶液　D, F　　気体　H_2

(4) X　水素　　Y　水酸化物　　Z　2

解説

(1) 水溶液Aでリトマス紙の色が変化しなかったことから，うすい塩酸の体積：うすい水酸化ナトリウム水溶液の体積 = 2：1で中性になることがわかる。このとき，水素イオンと水酸化物イオンは残っていないので，水溶液Aにふくまれるイオンは塩化物イオンとナトリウムイオンである。

(2) 水溶液Bはうすい水酸化ナトリウム水溶液$1cm^3$分が余るので，水酸化物イオンがふくまれていて陽極に引き寄せられ，赤色リトマス紙が青色に変化する。水溶液Eは中性になるのでリトマス紙は変化しない。

(3) **マグネシウムリボンは塩酸と反応するが，水酸化ナトリウム水溶液とは反応しない。**水溶液D, Fはうすい塩酸が余っているので，マグネシウムが溶けて水素が発生する。

(4) 完全に中和するとき，酸性の水溶液に含まれる水素イオンとアルカリ性の水溶液に含まれる水酸化物イオンの数は同じである。この実験では，うすい塩酸の体積：うすい水酸化ナトリウム水溶液の体積 = 2：1で中性になるので，同じ体積に含まれているイオンの数は，うすい塩酸：うすい水酸化ナトリウム水溶液 = 1：2とわかる。

2

(1) X　オ　　Y　イ

(2) 水酸化物イオン

(3) $BaSO_4$　　(4) ウ

(5) $34cm^3$

解説

(1) うすい硫酸は酸性，うすい水酸化バリウム水溶液はアルカリ性の水溶液である。

(3) うすい硫酸とうすい水酸化バリウム水溶液の中和反応を化学反応式で表すと，H_2SO_4 +

$Ba(OH)_2 \rightarrow BaSO_4 + 2H_2O$ となる。白い沈殿は硫酸バリウム（$BaSO_4$）である。

(4) 水酸化バリウム水溶液に硫酸を少しずつ加えていくと，硫酸の量だけ中和がおこって硫酸バリウムが生じるので，硫酸イオンは残らない。さらに硫酸を加えてちょうど水酸化バリウムがなくなると中性になる。さらに硫酸を加えると余った硫酸イオンが増え，酸性が強くなる。

(5) 表2から，うすい硫酸を $10cm^3$ 加えるごとに $0.25g$ の沈殿が発生することがわかるが，$30cm^3$ と $40cm^3$ の間では $0.10g$ しか沈殿が増えていないことがわかる。このとき，硫酸も同じ割合で $40cm^3$ すべてが使われていないことになる。そのため，中性になるのは加えたうすい硫酸が $30cm^3 \sim 40cm^3$ の間である。表2から，中性になって沈殿の質量がちょうど $0.85g$ になるとき，加えたうすい硫酸の量は，$10 \times \dfrac{0.85}{0.25} = 34$（$cm^3$）とわかる。

1　**(1)** ウ　**(2)** ア，エ　**(3)** ア
　(4) ウ，オ

解説
(1) 気体 A は水素である。水素は水に溶けにくいので，水上置換法で集めるのが適当である。
(2) 気体 D は酸素である。
(3) 酸素は水に溶けにくいので，水上置換法で集めるのが適当である。
(4) 気体 B はアンモニアである。アンモニアの化学式は NH_3 で，窒素原子 1 個と水素原子 3 個が結びついた分子である。水溶液はアルカリ性を示すが，漂白作用はない。細胞の生命活動で生じる有害な不要物で，肝臓で無害な尿素に変えられる。

2　**(1)** エ
　(2) （例）（フラスコに入っていたアンモニアが）水に溶け，フラスコ内の圧力が<u>大気圧</u>より下がったから。
　(3) ① ア　② イ　③ ア

解説
(1) フェノールフタレイン溶液を赤色に変化させるのは，アルカリ性の水溶液である。

1

(1) 2
(2) 番号 1
理由 （例）固体の物質は、ろ紙の穴より大きく、ろ紙を通りぬけることができないから。
(3) 4 (4) 32
(5) （例）（固体が出はじめるまでは、）濃度は変わらないが、固体が出はじめた後は、濃度が小さくなる。
(6) （例）水を蒸発させる。

解説
(1) 物質が水に溶けると、液が透明になり、こさはどの部分も同じで、時間がたっても変わらない状態になる。
(2) ろ過をするときは、ろうとのあしのとがった方をビーカーの内側のかべにつけ、ガラス棒を伝わらせて液を入れる。
(3) 図2から、物質Aの「100gの水に溶ける質量」が40gのときの温度は、26℃とわかる。
(4) 図2から、物質Aの20℃のときの「100gの水に溶ける質量」は32gである。
(5) 固体が出はじめるまでは、40gすべてが溶けているが、固体が出はじめると溶解度が40gより小さくなり、水溶液に溶けている物質Aの量が少なくなる。

2 (1) 再結晶 (2) 209.8g (3) イ

解説
(2) 表から、硝酸カリウムの80℃と40℃の溶解度の差は、168.8 − 63.9 = 104.9（g）。溶媒の水が200gなので。$104.9 \times \dfrac{200}{100} = 209.8$（g）の結晶が出てくる。
(3) ミョウバンの溶解度の差を20℃ごとに比べると、80℃→60℃で差が最も大きく、40℃→20℃で最も小さい。このことから、冷却し始めてからの時間が長いほど新たに出てくる固体の量が少なく、短いほど新たに出てくる固体の量が多いとわかる。

3

(1) 硝酸カリウム
(2) 質量 （少なくとも）22g
過程 （例）塩化ナトリウム45.0gを完全にとかすために必要な60℃の水の質量は、$100 \times \dfrac{45.0}{37.1} = 121.29\cdots$（g）。
さらに必要な水の質量は、約21.3g（121.3 − 100）なので、これより大きい最小の整数で考えると、少なくとも22g。
(3) ウ→ア→イ
(4) （例）温度による溶解度の差

解説
(1) 溶解度が小さいほど、とけ残る質量が大きくなる。
(3) 溶解度が45.0gより小さくなる温度は、塩化アンモニウムは30℃から40℃の間、硝酸カリウムは20℃から30℃の間、ミョウバンは50℃から60℃の間である。

8 物質の状態とその変化

問題→P91

1

(1) エ
(2) 記号 a
理由 （例）水の多くは液体のままであ
るが，エタノールの多くは気体に変化す
るので，エタノールの割合が大きい液体
の入った袋の方がより膨らむから。
(3) イ，エ

解説
(1) 図1から，点Xはエタノールの沸点といえ
るので，エタノールは沸騰している。一方，水
の沸点は100℃とわかるので，点Xではまだ水
は沸騰していない。
(3) 点Xは約78℃である。それぞれの物質につ
いて，この温度が融点より高く沸点より低いと
き，液体の状態であるといえる。

9 身のまわりの物質とその性質

問題→P94

1

(1) イ　(2) 金属 銅　B〜E C
(3) （例）磁石につくかどうか調べる。
(4) ポリスチレン

解説
(2) 図1のメスシリンダーは57.0cm^{3}と読み取
れるので，金属片Aの体積は，57.0 − 55.0 = 2.0
(cm^3)。金属片Aの密度は，17.9 ÷ 2.0 = 8.95
(g/cm^3)より，表1の銅があてはまるとわかる。
また，図2から，金属片Cは密度（45 ÷ 5 = 9）
が最も近いので，同じ銅であると考えられる。
(3) 金属のうち，スチールかんの材料である鉄
は，磁石につくという性質がある。**アルミニウ
ムは磁石につかないので，区別できる。**
(4) 表4から，それぞれのプラスチック片の密
度は，Fが水と飽和食塩水の間の値，Gが飽和
食塩水より大きい値，Hはエタノールと水の間
の値である。したがって，Fはポリスチレン，
Gはポリ塩化ビニル，Hはポリエチレンとわか
る。

2

(1) C　(2) エ　(3) 砂糖と石灰石
(4) 物質名　デンプン
実験　（例）混合物に水を加えてよく混
ぜ，電極を入れて電圧を加えて，電流が
流れれば食塩が含まれ，流れなければ砂
糖が含まれているとわかる。

解説
(1) 炭素を含む物質は，加熱するとこげて炭に
なる。
(2) うすい塩酸と石灰石が反応すると，二酸化
炭素が発生する。
(3) Ⅲから，混合物Cは石灰石を含む。残りの
もう1つは，Ⅰから砂糖かデンプンのどちらか
であるが，Ⅳでヨウ素液が変化しなかったこと
から，砂糖とわかる。
(4) 混合物Aは砂糖と食塩，Bは石灰石と食塩，
Dはデンプンと石灰石である。混合物EとFは，
**どちらもデンプンを含むが，残りのもう1つは
砂糖か食塩であることから，これらを区別する
実験を行うとよい。**

3

(1) （例）燃焼によって生じた二酸化炭
素と水が，空気中に出ていったから。
(2) （物質bは水に溶けたとき）（例）
電離しないため。
(3) 無色から赤色

解説
(1) 物質aは水に溶けなかったことから，ポリ
スチレンとわかる。ポリスチレンはプラスチッ
クで有機物であることから，燃焼すると二酸化
炭素が生じる。また，他の多くのプラスチック
と同じように，水も生じる。
(3) フェノールフタレイン溶液はもともと無色
透明であるが，アルカリ性の水溶液に加えると
赤色に変化する。

1 生物のふえ方と遺伝

問題→P100

1

(1) ア
(2) （例）1つ1つの細胞が離れやすくなるから。
(3) ① 核
② （例）先端付近の細胞が分裂して数がふえ，1つ1つの細胞が大きくなる

解説

(1) 図2より，DE間で最も間隔が空いているため，成長速度が最も速かったことがわかる。また，同じく図2より，DE間の次に成長速度が速かったのは，EF間ということがわかる。よって，DE間が最も速いものを，EF間が2番目に速いものを選べばよい。

(2) 根をうすい塩酸で処理することで，細胞と細胞の結合を切って，細胞どうしを離れやすくする。

(3) 細胞の中心には染色液に染まる核という丸い粒が1つある。核の中には染色体があり，細胞分裂を行うときなどに見えるようになる。細胞分裂によって細胞の数がふえることと，分裂した細胞が大きくなることによって生物のからだは成長する。根では，先端に近い部分で細胞分裂が活発に行われる。

2

(1)（例）自家受粉させないため。
(2)① 3：1 ② エ
(3) 5：1

解説

(1) 花粉が同じ個体のめしべの柱頭について受粉することを自家受粉という。エンドウは自然状態では，花粉が同じ花の中のめしべについて受粉する。**実験でおしべをとり除く操作を行ったのは，エンドウの自家受粉を防ぐためである。**おしべをとり除いておかないと，実験の操作によってできた種子なのか，自家受粉によってできた種子なのかがわからなくなってしまう。

(2)① 丸い種子としわのある種子では，しわのある種子の方が現れた数が少ないので，しわのある種子を1とする。現れた種子の数より，

5474 ÷ 1850 = 2.95… ≒ 3　よって，3：1である。

② 孫の遺伝子の組み合わせの比は，ＡＡ：Ａａ：ａａ＝1：2：1である。Ａａの遺伝子をもつ個体は丸い種子になるので，丸い種子：しわのある種子＝3：1の割合で現れる。

(3) 仮に，1個のＡＡの遺伝子をもつ個体と2個のＡａの遺伝子をもつ個体がそれぞれ4個ずつ種子をつくると考えると，1個のＡＡの遺伝子をもつ個体からは4個のＡＡの種子ができ，2個のＡａの遺伝子をもつ個体からはＡＡ2個，Ａａ4個，ａａ2個ができる。よって，丸い種子：しわのある種子＝（4＋6）：2＝5：1となる。

2 生命を維持するはたらき

問題→P104

1

(1) ① イ ② ウ
(2) ① ア ② エ
(3) （例）小腸の内部の表面積が大きくなるから。
(4) ア

解説

(1) ヨウ素液は，デンプンと反応して青紫色に染める薬品である。アミラーゼはデンプンを分解するはたらきがあり，文中に，バナナが熟す過程でアミラーゼと同じはたらきをする物質がはたらくとある。よって，熟したあとのバナナの細胞ではデンプンが少なくなっていると考えられる。

(2) 消化によってできた物質のうち，ブドウ糖とアミノ酸は毛細血管（管Ｃ）に吸収され，肝臓を通って全身の細胞へ運ばれる。脂肪酸とモノグリセリドは再び脂肪となってからリンパ管（管Ｄ）に吸収され，心臓の近くで血管に入って全身の細胞へ運ばれる。

(3) 小腸の内部の表面にひだや柔毛が多くあることにより，**小腸の内部の表面積が大きくなり，栄養分を吸収できる部分が広くなって効率よく吸収できる。**

(4) ア…胆汁は肝臓でつくられ，胆のうから出される。イ…肝臓は，吸収されたブドウ糖からグリコーゲンを合成する。ウ…リパーゼは脂肪

を分解する。**エ**…有害なアンモニアを尿素に変えるのは肝臓のはたらきである。

2
(1) ① ウ ② 動脈血
(2) A 輸尿管 B ぼうこう

解説
(1) ① ヒトのからだでは，右心室から送られた血液が肺動脈を通って肺に入り，肺静脈から左心房にもどってくる。
② 酸素を多く含んだ血液を動脈血，二酸化炭素を多く含んだ血液を静脈血という。
(2) じん臓でつくられた尿は輸尿管を通って，いったんぼうこうにためられたあと，体外へ排出される。

3
横隔膜

解説
図の装置は，ペットボトルをろっ骨，ゴム風船を肺，ゴム膜を横隔膜に見立てている。よって，ゴム膜を下げるとゴム風船はふくらむ。

PART3
生物分野
3 植物のつくりとはたらき

問題→P108

1
(1) エ
(2) ① ウ ② オ

解説
(1) 袋Xのインゲンマメは光合成と呼吸を両方行っていた。袋Yのインゲンマメは呼吸のみを行っていた。**ア**…袋Yの結果より，13時から15時までにインゲンマメが呼吸によって出した二酸化炭素の量は $0.95 - 0.80 = 0.15$ ％。15時から17時までは $1.05 - 0.95 = 0.10$ ％。17時から19時までは $1.15 - 1.05 = 0.10$ ％。よって，一定ではない。**イ**…袋Yの結果より，呼吸をしている。**ウ**…袋Xの結果より，二酸化炭素の割合は $0.50 - 0.40 = 0.10$ ％減っている。よって，光合成でとり入れた二酸化炭素の量は呼吸で出した二酸化炭素の量より多い。**エ**…当たる光の量が多い昼間のほうが，光合成はさかんに行われる。

(2) 袋Xと袋Yのインゲンマメは葉の枚数や大きさが同じであるため，どちらのインゲンマメも呼吸で出した二酸化炭素の量は同じであると考えられる。
① 袋Yの結果より，どちらのインゲンマメも13時から19時までの6時間に $1.15 - 0.80 = 0.35$ ％の二酸化炭素を呼吸で出したと考えられる。
② 袋Xでは13時から19時までの6時間に $0.80 - 0.40 = 0.40$ ％の二酸化炭素が減っている。これにインゲンマメの呼吸で出した二酸化炭素 0.35 ％を足した，0.75 ％の二酸化炭素がインゲンマメの光合成によってとり入れられたと考えられる。

2
(1) がく
(2) （中心）B→A→C→D（外側）
(3) （例）花粉を運ぶ昆虫や鳥などの動物をひきつけるため。
(4) ア

解説
(1)・(2) 花の中心にあるのはBのめしべであり，その外側にAのおしべがある。さらに外側にCの花弁があり，最も外側にあるのがDのがくである。
(3) 多くの花は，自らの花粉を別の花に運ぶために昆虫や鳥を利用する。色あざやかで目立ちやすい花は昆虫や鳥をひきつけやすく，それらの体がおしべにふれ，花粉がつく。体に花粉をつけた昆虫や鳥がさらに別の花にひきつけられることで，その花粉をめしべにつけて受粉が起こる。
(4) 胚珠は受粉後にやがて種子となる。メロンは果実の中に無数の種子をもつことから，一つの花の中に多くの胚珠があると考えられる。

3
(1) 気孔
(2) ① 0.5mL ② 1.7mL

解説
(1) 蒸散は，主に葉の表皮の2つの孔辺細胞に囲まれた気孔というすき間から行われる。
(2) ワセリンをぬった部分の気孔はふさがれ，

蒸散が起こらない。よって，Kの減った水の量からIの減った水の量を引くと，すべての葉の表側だけからの蒸散の量を求めることができる。また，Kの減った水の量からJの減った水の量を引くと，すべての葉の裏側だけからの蒸散の量を求めることができる。よって，①は3.0－2.5 ＝ 0.5mL。②は3.0 － 1.3 ＝ 1.7mL。

PART3
生物分野
4 植物の分類

1

(1) I B II A
(2) ① イ ② ウ

解説
(1) シダ植物もコケ植物も，ともに胞子でふえる植物である。シダ植物は根，茎，葉の区別があるが，コケ植物は根，茎，葉の区別がない。
(2) コケ植物は維管束をもたず，根のように見えるYの部分は仮根と呼ばれる部分であり，水分を吸収するはたらきはほとんどない。コケ植物は必要な水分をからだの表面全体から直接吸収するため，Xの部分を湿らせるとよい。

2

(1) エ (2) オ

解説
(1) 被子植物の単子葉類の葉脈は平行に通り，根はたくさんのひげ根からなっている。
(2) トウモロコシやツユクサは被子植物の単子葉類，マツは裸子植物，ゼンマイはシダ植物，アブラナは被子植物の双子葉類である。

3

① オ ② イ

解説
エンドウ，イヌワラビ，スギゴケ，ゼニゴケのうち，種子をつくる種子植物はエンドウだけである。イヌワラビは，コケ植物であるスギゴケやゼニゴケと異なり，シダ植物なので，維管束をもつ。

4

(1) （例）維管束があるか，ないか。
　　（葉，茎，根の区別があるか，ないか。）
(2) ウ，エ　　(3) ア

解説
(1) コケ植物であるゼニゴケは維管束をもっていない。
(2) dは種子でふえる植物である。よって，被子植物であるアサガオと裸子植物であるソテツがあてはまる。
(3) ツユクサは単子葉類，アブラナは双子葉類である。双子葉類の根は主根と側根からなる。

5

(1) エ (2) イ

解説
(1) Aはコケ植物，Bはシダ植物，Cは裸子植物，Dは被子植物，Eは離弁花類，Fは合弁花類である。ア…コケ植物だけでなく，シダ植物も胞子でふえる。イ…シダ植物も維管束をもつ。ウ…葉脈の通り方が異なるのは，単子葉類と双子葉類である。エ…離弁花類は花弁が1枚ずつ分かれており，合弁花類は花弁が1枚につながっている。
(2) スギナはシダ植物，ササは単子葉類，サクラは離弁花類，ツツジは合弁花類である。

1

(1) イ　　(2) ④, ⑤
(3) 二酸化炭素

解説
(1) 生物Aは光合成で有機物をつくり出す植物，
　Bは植物を食べる草食動物，Cは草食動物を食
　べる肉食動物，Dは死がいや排泄物を分解する
　菌類や細菌類である。
(2) 有機物は生物Aがつくり出すため，④, ⑤
　は有機物の流れを表していることになる。①〜
　③は生物の呼吸によって発生する二酸化炭素の
　流れである。
(3) 二酸化炭素は大気中を循環しており，すべて
　の生物の呼吸で発生するほか，生産者である植
　物に吸収されたり，有機物が分解者である微生
　物などに分解されて発生したりする。

2

(1) ① 菌　② 細菌
(2) （例）デンプンなどの有機物を，二酸
化炭素などの無機物に分解するはたらき。

解説
(1) 菌類や細菌類は土の中の有機物を分解する
　はたらきをもつ。土を加熱することによって菌
　類や細菌類は減少する。この加熱した土を加熱
　しなかった土と比較することで，菌類や細菌類
　のはたらきを確かめることができる。
(2) 容器Yよりも容器Xの方が二酸化炭素の割
　合が高かったこと，また，デンプンの量が少な
　かったことから，菌類や細菌類が多くふくまれ
　ている容器Xでデンプンの分解が進んでいたこ
　とがわかる。菌類や細菌類は土の中の有機物を
　水や二酸化炭素などの無機物に分解している

1

ア

解説
　顕微鏡では，プレパラートの移動の向きと視野
のなかの移動の向きは上下左右が逆になる。この
ため，ゾウリムシを視野の中央に動かすとき，プ
レパラートは動かしたい方向と反対に動かす。

2

①遠ざけ　②暗く

解説
① 顕微鏡でピントを合わせるときは，ステージ
　にプレパラートをのせ，横から見ながらできる
　だけ対物レンズとプレパラートを近づける。そ
　の次に，接眼レンズをのぞきながら調節ねじを
　回して対物レンズを遠ざけながらピントを合わ
　せる。これはプレパラートと対物レンズが接触
　するのを防ぐためである。
② 低倍率から高倍率の対物レンズにすると，視
　野はせまくなり，入ってくる光の量も少なくな
　るため暗くなる。見えにくいときはしぼりを開
　き，光の量を調節して明るくする。

3

エ→イ→ウ→ア

解説
　双眼実体顕微鏡を使う手順は，まず両目の間隔
に合うように鏡筒を調節し，左右の視野が重なっ
て1つに見えるようにする。鏡筒を支えながら，
Hの粗動ねじをゆるめ，鏡筒を上下させて両目で
およそのピントを合わせる。次に，右目でのぞき
ながらIの微動ねじでピントを合わせる。最後に
左目でのぞきながら，Gの視度調節リングを左右
に回してピントを合わせる。

1

(1) アサリ　(2) エ
(3) a　E　b　ハチュウ

解説

　カードに書かれた動物のうち，背骨をもつ動物は，イモリ，ハト，メダカ，ウサギ，トカゲであり，背骨をもたない動物はザリガニとアサリである。

(1) 背骨をもたない動物は無セキツイ動物と呼ばれる。ザリガニとアサリのうち，外とう膜があるのは軟体動物であるアサリなので，カードCはアサリ，Fは節足動物の甲殻類に分類されるザリガニとなる。

(2) 背骨をもつ5種類の動物のうち，ヒント①よりカードAはハチュウ類のトカゲ，ヒント②よりカードBは魚類のメダカ，ヒント③よりカードDはホニュウ類のウサギであると考えられる。Xにあてはまるものとして，変温動物であるトカゲ（A）と恒温動物であるウサギ（D）が同じグループに分類されていることから，選択肢の**ア**と**イ**は不適切である。Xで「はい」と分類されているのは，Bのメダカであるため，Xにあてはまるのは「水中に殻のない卵をうむ。」の**エ**となる。これにより，カードGは両生類のイモリとなり，カードEは残った鳥類のハトであると考えられる。

(3) 始祖鳥にはつばさがあり，羽毛をもつという鳥類の特徴がある。よって，aにはハトが書かれたカードEがあてはまる。また，始祖鳥はつばさの中につめがあり，口には歯があるなどハチュウ類の特徴もあわせもっている。このことから，鳥類はハチュウ類から進化してきたと考えられている。

1

(1) A, D, E
(2) 0.2 s
(3) （例）危険から体を守るのに役立っている。

解説

(1) 目で受けとった刺激の信号は感覚神経を伝わり，せきずいは通らずに脳に直接伝わる。脳から命令の信号が出されると，その信号は脳からせきずいへと伝わり，さらにせきずいから運動神経を伝わって手の筋肉へ伝わり，手の筋肉を動かす。

(2) 実験の結果より，平均値は，
(20.3 + 20.9 + 19.2 + 17.4 + 17.2)（cm） ÷ 5
= 19.0（cm）となる。図4のグラフの横軸（ものさしが落ちた距離）の19.0cmの目盛りをたどっていくと，ものさしが落ちるのに要する時間が0.2 sであることが読みとれる。よって，みかさんが，ものさしが落ち始めるのを見てからつかむまでにかかる時間も0.2 sであると考えられる。

(3) 無意識に起こる反応を反射といい，刺激を受けてから反応までの時間が短く，危険から身を守ることなどに役立つ。

2

(1) カ
(2) ① イ　② エ
(3) 記号　イ
　　理由　（例）目に入る光の量を減らすため。

解説

(1) 網膜には目から入ってきた光を刺激として受けとる細胞がある。レンズ（水晶体）は筋肉によってふくらみを変えることができ，網膜上にピントの合った像を結ぶ。

(2)① 鼓膜は空気の振動をはじめに受けとる場所であり，振動する部分である。
② 振動の刺激を受けとって神経を伝わる信号を出す細胞はうずまき管の中にある。うずまき管の中の感覚細胞は振動を音として受けとる。

（3）　明るい場所ではひとみが小さくなる。これ
は，**明るい場所では暗い場所よりも光を多く取
り入れる必要がないためである。**一方，暗い場
所では光を多く取り入れる必要があるため，ひ
とみは大きくなる。

（3）　同じ形やはたらきをもつ細胞が集まって組
織を形成している。上皮組織や筋組織がその例
である。

（4）　植物の細胞膜の外側には細胞壁というじょ
うぶなしきりがあり，体を支えるのに重要な役
割を担っている。**動物の細胞には，植物の細胞
に見られる細胞壁がない。**

9 生物と細胞

問題→P125

1

（1）　単細胞生物
（2）　X　組織　　Y　器官
（3）①記号　ウ　名称　核
　　　②記号　エ　名称　葉緑体

解説

（1）　ヒトやオオカナダモのように多くの細胞か
らなる生物は多細胞生物といい，それに対して
1個の細胞からなる生物を単細胞生物という。
ゾウリムシやミドリムシのほかにミカヅキモや
アメーバが単細胞生物の例である。

（2）　多細胞生物では同じはたらきをもつたくさ
んの細胞が集まって組織を形成し，さらに多数
の組織が集まって器官が構成される。ヒトなど
の動物では脳，目，心臓，小腸など特定のはた
らきをもつ器官が集まって個体をつくってい
る。

（3）　図の**ア**は細胞壁，**イ**は細胞膜，**ウ**は核，**エ**
は葉緑体である。細胞壁と葉緑体は植物細胞の
みに見られるつくりである。細胞膜は細胞の内
と外を分け，細胞膜をふくむ細胞内の核以外の
部分を細胞質という。

2

（1）　核
（2）　右の図
（3）　組織
（4）（例）動物の細
胞には，植物の細胞
に見られる細胞壁がない。

解説

（1）　細胞の核は，酢酸オルセイン液や酢酸カー
ミン液で赤く染まる。

（2）　植物の葉の裏側に多く観察される気孔は，
向かい合った三日月型の孔辺細胞にかこまれた

問題→P130

1
(1) ① ア ② イ
(2) ① イ
② (例) 岩石をつくる粒の大きさ
(3) (例) 上流に分布する安山岩の一部がけずられ，その岩石が下流に運ばれたから。
(4) a 石灰岩 b チャート

解説
(3) C地点やD地点は，地表に堆積岩が分布する場所とあるので，安山岩は川の上流から流されてきたと考えられる。
(4) 安山岩は6地点すべてで採集されているので，特定の種類とはいえない。チャートはB地点，C地点，D地点の3地点で採集され，A地点，F地点では採集されていないので，bの地表に分布していると考えられる。石灰岩はB地点とC地点の2地点で採集され，A地点では採集されていないことから，aの地表に分布していると考えられる。

2
(1) かぎ層 (2) ウ
(3) ① ⅰ イ ⅱ ア
② 7m〜8m

解説
(2) 石灰岩は，サンゴ，ウミユリ，貝類などの生物のからが堆積してできたものである。**サンゴは示相化石で，あたたかくきれいな浅い海であったことを示す。**
(3)② 図2から，露頭Ⅰの下の端の中央における火山灰の層は，標高37〜38mとわかる。また，露頭Ⅱの下の端の中央における火山灰の層は，標高47〜48mである。このことから，この地層は南から北へ100mいくと，10m高くなるとわかる。地点Xは，露頭Ⅱから北へ100mの場所なので，火山灰の層の標高は57〜58mである。地点Xの標高は65mなので，火山灰の層は地表から7m〜8mの深さである。

問題→P135

1
(1) ウ
(2) 63%
(3) 北東

解説
(2) 図1から，乾球27℃，湿球22℃なので，湿度表から63%とわかる。
(3) 風向は風がふいてくる方向である。

2
(1) 右の図
(2) ウ→（図1→）
ア→イ

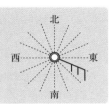

解説
(2) 温帯低気圧は西から東へ進みながら発達し，しだいに前線は長くなっていく。

3
(1) ア (2) ウ

解説
(2) 図1から，地点Aは18時の前後で南よりから北よりに風向が変わっているので，このとき寒冷前線が通過したと考えられる。また，図2から，地点Bは19時以降，夜間にも関わらず気温が上昇していることから，このころ温暖前線が通過したとわかる。

1

(1) 右の図
(2) 日周運動
(3) 2
(4) A 56
　　 B 垂直

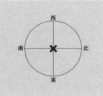

解説

(3) ［観測］⑤から，太陽は 1 時間に 2.0cm の速さで動き，日の出から南中まで 12.1cm だったことがわかる。日の出から南中までかかる時間は，$1 \times \dfrac{12.1}{2.0} = 6.05$（時間）$= 6$（時間）3（分）。

したがって，南中時刻は，午前 6 時 17 分 + 6 時間 3 分 = 午後 0 時 20 分である。

(4)A　北緯 34° の地点の春分の日の南中高度は，$90 - 34 = 56$（°）である。

B　太陽の南中高度 56° は，天頂から南の地平線へ 34° 下がった位置である。**したがって，太陽電池のパネル面を a = 34°になるようにすると，太陽の光とパネル面が垂直になる。**

2

(1) イ　　 (2) ウ　　 (3) おひつじ座

解説

(1) 南中高度が高いカペラの方が，地平線から出て沈むまでの時間が長い。リゲルと同時に南中することから，カペラの方が先に地平線から出て，後に沈むとわかる。

(2) 南天の星は，年周運動によって 1 か月に約 30°，日周運動によって 1 時間に約 15°，東から西へ動いて見える。

(3) 年周運動によって 1 か月に動く角度は，日周運動の 2 時間分とほぼ同じである。図 2 から，1 月 1 日正午に，いて座は太陽と一緒に南中する。1 月 1 日 20 時はこの 8 時間後なので，4 か月後の 5 月の太陽の位置にあるおひつじ座が南中するとわかる。

1

(1) A　斑晶　　 B　等粒状組織
(2) （例）A は急に冷やされ，B はゆっくり冷やされたから。
(3) ①　ア　　②　イ
(4) (a)　玄武岩　　(b)　ウ

解説

(3) A は地表近く（図 4 の X）で急に冷やされてできた火山岩のモデルで，B は地下深く（図 4 の Y）でゆっくり冷やされてできた深成岩のモデルである。

(4)(a)　観察の③から，図 3 の火山灰の有色鉱物の割合は，$\dfrac{28}{28 + 20} \times 100 \fallingdotseq 58$（％）なので，火山灰といっしょに採集された溶岩（火山岩）は玄武岩である。

(b)　玄武岩でできている火山は，黒っぽくねばりけが少ないマグマの火山である。

2

(1) エ　　 (2) ア

解説

(2) 図Ⅲから，日本付近で太平洋プレートが北アメリカプレートの下に沈み込むようすがわかる。図Ⅰの火山の分布から，日本列島の火山はその境界に沿って分布している。

5 太陽と銀河系

問題→P149

1

イ

解説

太陽系は，銀河系の中心から約3万光年離れた位置にある。

2

(1) （例）（黒点は周囲より）温度が低いから。
(2) イ　(3) 5.5倍

解説

(2) 太陽は，地球の自転によって動いて見える。

(3) 黒点Qの直径は太陽の直径の$\frac{5}{100} = \frac{1}{20}$（倍）

である。太陽の直径が地球の直径の109倍であることから，黒点Qの直径は地球の直径の

$109 \times \frac{1}{20} \fallingdotseq 5.5$（倍）

3

(1) f　(2) ア　(3) 二酸化炭素

解説

(1) 金星の大きさや平均密度は地球とほぼ同じことから，fである。gは水星で，赤道半径が地球の半分以下になっている。

(2) グラフのa～dが木星型惑星，e～gが地球型惑星である。木星型惑星は，いずれも地球より質量が大きいが，平均密度は小さくなっている。また，木星型惑星の大気の主な成分は水素とヘリウムである。太陽系外縁天体は，海王星の軌道の外側をまわる天体のことで，かつて惑星とされていためい王星もこれに含まれる。環（リング）は，惑星の周囲を公転するちりなどでできていて，土星が有名である。このような環は，他の木星型惑星にも見られる。

(3) 金星の大気の主な成分は二酸化炭素である。**二酸化炭素の温室効果により，金星の表面は高温に保たれている。**

4

(1) 水星，金星，火星　(2) 土星
(3) （例）表面の平均温度が約15℃で，水が液体の状態であること。

解説

(1) 地球を代表とする地球型惑星には，ほかに水星，金星，火星がある。

(2) 表の惑星のうち水に浮くのは，密度が1より小さい土星だけである。

(3) 表の「表面の平均温度」に着目すると，水星と金星は100℃以上なので水は気体（水蒸気）の状態，火星，木星，土星，天王星，海王星は0℃以下なので水は固体（氷）の状態である。生物が生存するには，液体の水が備わっている必要がある。

6 空気中の水の変化

問題→P152

1

(1) a オ　　b ア
(2) （例）地表が太陽の光によってあたためられる

解説

(1) 水蒸気をふくむ空気を冷やして、露点より低い温度になると、水蒸気の一部が水滴に変わる。**この現象を凝結という。**

(2) 太陽の光で地面があたためられ、その地面にあたためられた空気が上昇する。

2

(1)① イ　　② ウ
(2)① イ　　② b　　③ c
(3) エ

解説

(1) ① 17.6℃のときの飽和水蒸気量は図1より15g/m^3。湿度20％の空気1m^{3}にふくまれる水蒸気の量は、$15 \times \dfrac{20}{100} = 3.0$（g）

② 図1から、5.4℃の空気の飽和水蒸気量は約7g/m^3。加わった水蒸気量は部屋全体で、$(7 - 3) \times 30 = 120$（g）

(2)① 1日目の空気1m^{3}にふくまれている水蒸気の量は、$13 \times \dfrac{65}{100} = 8.45$（g）。この空気の露点は、図1より約8.3℃なので、$15.2 - 8.3 = 6.9$より、温度があと6.9℃下がると水滴ができ始める。この空気の温度が6.9℃下がるには、690m（6.9 × 100）上昇する必要がある。

②・③ 2日目の空気1m^{3}にふくまれている水蒸気の量は、$11 \times \dfrac{45}{100} = 4.95$（g）。この空気の露点は、図1より約0℃なので、$12.4 - 0 = 12.4$より、温度があと12.4℃下がると水滴ができ始める。この空気の温度が12.4℃下がるには、1240m（12.4 × 100）上昇する必要がある。3日目の空気1m^{3}にふくまれている水蒸気の量は、$10.7 \times \dfrac{70}{100} ≒ 7.5$（g）。この空気の露点は、図1より約7℃なので、$12.0 - 7 = 5$より、温

度があと5℃下がると水滴ができ始める。この空気が5℃下がるには、500m（5 × 100）上昇する必要がある。以上より、雲ができる高さは、高い順に2日目、1日目、3日目である。

(3) 空気が上昇すると、膨張して体積が大きくなり、空気1m^{3}あたりの水蒸気量は減少する。**水蒸気量が減少すると、露点が下がるので、**さらに温度を下げるために、レポートの高さよりも**高く上昇する必要がある。**

問題→P156

1 (1) Ⅰ ア　Ⅱ カ　(2) ア, エ

解説
(1) 上弦の月から満月へ向かう変化なので, 光って見える部分は大きくなり, 月が見える位置は東へ移動する。

(2) 月食が見られるのは, 満月の日である。また, 地球上の方位は, 北極を向いたときに, 右手側が東, 左手側が西に当たるので, 南半球であっても, 東と西の方向は同じである。

2 (1)水星 エ　木星 オ
(2) (例) 内惑星である水星は, 月食の起きる満月の日に月と同じ方向に見えることはないから。
(3)符号 ア
　理由 (例) Bの方が月にかくれて見えない時間が短いので, 月の裏側を通過する距離が短いことから, 月の中心から離れた位置を通ると考えられるから。

解説
(1) 図1から, 水星は地球から見て西側半分が光って見える。外惑星である木星は, 水星と同じ方向に見えるとき, 地球から見て太陽よりはるか遠方に位置するので, 円形に近い形に見える。

(2) 月食は, 満月のときに起きる。満月のときの月は, 太陽の反対側にあるので, 内惑星の水星と同じ方向に見えることはない。

3 イ

解説
　金星の公転周期が約0.62年であることから, 1か月で公転する角度は, 360 ÷ 12 ÷ 0.62 ≒ 48 (°) である。金星は1か月におよそ 48 − 30 = 18 (°) ずつ地球に近づくので, 90 ÷ 18 = 5 より, 5か月後に最も近づくとわかる。

問題→P160

1 (1) 震央　(2) マグニチュード
(3) Q 14　R 大きく (遠く)
(4) グラフ　下の図

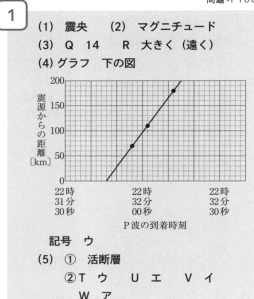

記号 ウ
(5) ① 活断層
② T ウ　U エ　V イ
W ア

解説
(3) Q 各観測点の記録から, 観測点Aの初期微動継続時間は 32分36秒 − 32分12秒 = 24秒, 観測点Cは 32分06秒 − 31分56秒 = 10秒なので, 24 − 10 = 14 (秒)
R 観測点Aは震源から180km, 観測点Cは70kmなので, 観測点Aの方が震源からの距離が大きい。

(4) グラフの「震源からの距離」が0kmの点を見る。これは横軸とぶつかる点なので, およそ22時31分46秒であることがわかる。

2 (1) ウ
(2)① 38.5　② (例) 3.5km 遠くなる

解説
(2) ① 表の観測地点CとDを比べると, S波が42km(77 − 35)の距離を伝わるのに12秒(14分07秒 − 13分55秒) かかることがわかる。このことから, S波は1秒に3.5km (42 ÷ 12) 伝わることがわかる。一方, 観測地点CにP波が到達したのは, 16時13分50秒なので, 緊急地震速報が発表されたのは, 16時13分56

秒。これは，S波が観測地点Cに到達してから1秒後（13分56秒 − 13分55秒）なので，震源からX〔km〕の地点は，Cより3.5km（3.5 × 1）遠い地点である。したがって，X = 35 + 3.5 = 38.5〔km〕

② どの地点でも，緊急地震速報を受け取るのは同じ時刻である。S波の伝わる速さは，3.5〔km/s〕なので，S波が到達するまでの時間は，震源から3.5km離れるにつれて1秒ずつ増加する。

---

9 大気の動きと日本の天気

問題→P165

1

(1) (a) 偏西風　(b) イ　(2) エ
(3) (a) 日本海の暖流から，多量の水蒸気が供給されて湿る。
　　(b) 移動性高気圧
　　(c) 記号 エ　名称 梅雨前線
　　(d) 小笠原気団

解説
(1)(b) 台風は，太平洋高気圧のへりに沿うように北上したあと，偏西風に流されて東寄りに進路を変える。
(2) 陸の岩石などは，水よりあたたまりやすく冷えやすい。昼は陸上の方が海上より気温が高くなり，陸上に上昇気流が発生し，海上から陸上へ風がふく。夜は逆に陸上の方が海上より気温が低くなり，海上に上昇気流が発生し，陸上から海上へ風がふく。

---

1 思考力問題演習①

問題→P168

1

(1) （例）2日後にはデンプンが分解されて糖ができていたが，4日後までに，微生物に使われてなくなったから。
(2) （例）三角フラスコXでは，微生物の呼吸によって二酸化炭素が増加したが，三角フラスコYでは，微生物が死滅している。
(3) （例）呼吸によって，有機物であるデンプンから，無機物である二酸化炭素をつくりだすはたらき。
(4) ① （例）三角フラスコXと同じものを数個つくり，それぞれ違う温度に保って，ヨウ素液やベネジクト液による変化を調べる。
　　② （例）三角フラスコXと同じものをつくり，エアーポンプで空気を送りながら，25℃に保って，ヨウ素液やベネジクト液による変化を調べる。
(5) アミラーゼ
(6) 物質 ブドウ糖　器官 小腸

解説
(1) ベネジクト液が反応しなかったということは糖がないということ。微生物はデンプンを分解して糖に変えてから，呼吸に利用する。
(2) 表によると，三角フラスコXでは二酸化炭素の割合が増え続けているが，三角フラスコYでは変化が見られない。これは三角フラスコYに入れた液体を一度沸騰させているので，微生物が死滅しているためである。
(3) 表の結果から，微生物のいる三角フラスコXの方だけ，デンプンが糖に変えられ，二酸化炭素に変化していくことを捉えて考える。デンプンは有機物，二酸化炭素は無機物である。
(4) 調べたいことがらについて条件を変えたいときは，他の条件はすべて同じにする。

2

(1) 炭酸カルシウム　(2) かぎ層
(3) 最も古い　Y　　最も新しい　X
(4) 西　(5) 9秒
(6) 13時7分0秒

解説

(3) A～Cの3地点の凝灰岩層はすべて同じ層である。A地点の凝灰岩層の上に堆積しているXの地層が最も新しい。凝灰岩層から，より深いところにあるYの地層が最も古い。

(4) 図2の柱状図を標高でそろえると，次の図のようになる。かぎ層の凝灰岩層が，BとCでは同じ高さなので，南北には水平である。一方，同じく凝灰岩層が，AはBより10 m低くなっていることがわかる。そのため，この地域の地層は西に傾いているといえる。

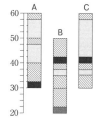

(5) 図4のグラフは震源からの距離と初期微動継続時間の関係を表すものであることに注意する。P波の速さを求めることができないため，S波の到達までにかかった時間とD地点の初期微動継続時間をもとに計算して求める。S波が地点Dに到達するまでにかかった時間は56 ÷ 3.5 = 16（秒）。初期微動継続時間は震源からの距離に比例するので，図4から，$5 \times \frac{56}{40} = 7$（秒）。したがって、P波が到達してからS波が到達するまでに7秒かかったことがわかるため，P波が地点Dに到達するまでにかかった時間は，16 − 7 = 9（秒）とわかる。

(6) (5)の答えを用いて計算する。P波の速さは，割り切れず求めにくいため，比を用いて求める。P波が到達するまでにかかる時間は，震源からの距離に比例するので，P波が地点Eに到達するまでにかかった時間は，$9 \times \frac{224}{56} = 36$（秒）となる。よって，到達した時刻は，13時6分33秒 − 9秒 + 36秒 = 13時7分0秒である。

3

(1) ① 青　② 陽
(2) A
(3) ウ
(4) Na^+，Cl^-
(5) 右の図
(6) 0.08g

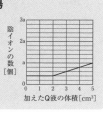

解説

(1) 水酸化ナトリウムは，ナトリウムイオンと水酸化物イオンに電離し，陽極に水酸化物イオンが引きつけられる。

(2) 中和反応後，塩酸が最も多く残っている試験管Aが，最も水素イオンが多い。

(3) 中和反応後，塩酸が最も多く残っているCが，最もpHの値が小さい。CよりもD，DよりもEが，水酸化ナトリウム水溶液の量が多いので，pHの値は増加する。

(4) 試験管Cのとき，Q液5cm³ − P液3cm³ = 2 で溶かすことができるマグネシウムが0.06g。試験管Dのとき，Q液5cm³ − P液4cm³ = 1 で溶かすことができるマグネシウムが0.03g。これにより，試験管Eのとき，Q液5cm³ − P液5cm³ = 0 で溶かすことができるマグネシウムが0gとなり，ちょうど過不足なく中性になっていることがわかる。このとき，水酸化物イオンと水素イオンはすべて水になり，ナトリウムイオンと塩化物イオンが残る。

(5) 問題文より，2a個がP液5cm³中の陽イオンと陰イオンの数の合計であることがわかる。つまり，陰イオンの数はa個ということ。試験管BにおけるP液2cm³に含まれる陰イオンは水酸化物イオンで$\frac{2}{5}$a個である。これにQ液を加えていくと，はじめは，水酸化物イオンが減少する分だけ塩化物イオンが増加し，陰イオンの数は一定である。しかし，Q液が2cm³加えられて中性になってからは，水酸化物イオンが0になり，それ以上減少しなくなるので，陰イオンの数は増加に転じる。

(6) 表から，試験管A～Eに溶けるマグネシウムの量は，EからAへ順に0.03gずつ増えているので，Q液1cm³にマグネシウム0.03gが溶けるとわかる。試験管Aは，全部で0.03 × 4 = 0.12（g）のマグネシウムを溶かすことがで

きるから，溶け残るマグネシウムの量は，0.10 + 0.10 − 0.12 = 0.08（g）である。

問題→P172

4
(1) エ
(2) 縦の長さ 91cm
　　下端の高さ 59cm
(3) 右の図
(4) 30°

解説
(1) 入射角と反射角が等しくなることを利用して考える。アやイに光を当てると、Q点を通過しない。ウやカではP点に光が戻ってきてしまう。また，オに光を当てると鏡Yに反射しないままQ点を通過してしまい，＜実験１＞の条件を満たすことができないことに注意する。エに光を当てると，右の図のように光が進むことになる。

(2) 下の図のように，太郎さんが全身を見るためには，鏡の下端は71cm（142 ÷ 2），上端は150cm（（142 + 158）÷ 2）にあればよい。また，花子さんが全身を見るためには，鏡の下端は59cm（118 ÷ 2），上端は125cm（（118+132）÷ 2）にあればよい。したがって，鏡の長さは少なくとも91cm（150 − 59），鏡の下端の高さは59cmにすればよい。

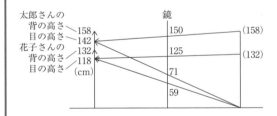

(4) 表より，入射角 a が50°のとき，屈折角 b が30°，反射角 c が50°である。光源がRとSの間に置かれると，光は半円形ガラス側から入射して，空気中に向かって屈折する。このとき入射角と屈折角の関係は，表の入射角と屈折角の関係と逆になる。入射角を20°にしたとあるので，表の屈折角が20°のときの入射角30°が，このときの屈折角となる。

1
(1) 精細胞　　(2) 24本
(3) DNA（デオキシリボ核酸）
(4) イ，ウ
(5) （例）親の遺伝子をそのまま受けつぎ，親と同じ形質をもつジャガイモができるから。
(6) AA，Aa　　(7) 50%

解説
(1) 生殖細胞のうち，めしべの胚珠にあるのが卵細胞，花粉にあるのが精細胞である。
(2) 生殖細胞をつくるとき，減数分裂をするため，染色体の数は半分になる。
(6) 孫の遺伝子のうち，丸い種子の遺伝子は AA と Aa。しわのある種子の遺伝子は aa である。このときしめる割合は，AA：Aa：aa = 1：2：1 である。
(7) 減数分裂によってAかaのどちらかの生殖細胞をつくる。孫がもつ遺伝子の数の割合は，A：a = 1：1なので，丸い種子の遺伝子をもつ生殖細胞の割合は，50% $\left(\dfrac{1}{2} \right)$ である。

2
(1) エ
(2) 記号　A
　　理由　（例）露点までの温度差が最も小さいから。
(3) ① 小さ　② 上昇　③ 積乱
　　④ 乱層
(4) （例）あたたかい海流が流れる日本海の上を季節風が通過するとき，水蒸気を含むから。
(5) イ

解説
(1) 空気のかたまりが上昇すると，気圧が下がって膨張する。同時に気温が下がり，飽和水蒸気量が少なくなるので，●と○の合計の数は減る。雲ができるまでは，●の数は変わらないので，エを選ぶ。
(5) グラフから，0℃の空気の飽和水蒸気量は

約5g/m³, 5℃の空気の飽和水蒸気量は約7g/m³で　ある。この空気1m³がはじめ含んでいた水蒸気の量は，$5 \times \frac{80}{100} = 4$（g），太平洋側へふき下りたときは，$7 \times \frac{24}{100} = 1.68$（g）なので，$\frac{1.68}{4} \times 100 = 42$（%）となる。

3

(1)	0.25g	(2)	4：1
(3)	23.05g		
(4)	CO_2	(5)	0.11g	(6)	CuO
(7)	0.40g		

解説

(1) 表から，銅の質量が0.20g増えるごとに，酸化銅の質量が0.25g増えることがわかる。

(2) 銅0.20gが酸素0.05g（0.25 − 0.20）と結びついて，酸化銅が0.25gできる。銅：酸素 ＝ 0.20：0.05 ＝ 4：1である。

(3) (2)より，銅と酸素は質量比4：1で結びつくことがわかる。表より加熱する前の全体の質量が23.45gのとき，結びついた酸素の質量は0.10gである。この酸素が結びついた銅の質量は $4：1 = x：0.10$　$x = 0.40g$ なので，加熱する前の質量23.45g −銅の質量0.40g ＝ 23.05 g がステンレス皿の質量である。

(5) 質量保存の法則より，化学変化の前後で物質全体の質量は変わらない。二酸化炭素の発生量は，0.8 ＋ 0.03 − 0.72 ＝ 0.11（g）である。

(6) 炭素はすべて反応したとあるので，黒色の物質は酸化銅，赤色の物質は銅である。

(7) 酸化銅が失った酸素の質量は，0.80 − 0.72 ＝ 0.08（g）であるから，反応した酸化銅の質量は，$0.08 \times \frac{4 + 1}{1} = 0.40$（g）である。したがって，反応せずに残っている酸化銅の質量は，0.80 − 0.40 ＝ 0.40（g）とわかる。

4

(1)	3.0 Ω	(2)	3600J
(3)	4.2J	(4)	X　1.0　Y　22.5
(5)	15℃	(6)	6 ℃

解説

(1) 6.0V ÷ 2.0A ＝ 3.0（Ω）

(2) 2.0A × 6.0V × （5 × 60）s ＝ 3600（J）

(3) 1gの水を1℃上昇させるのに必要な熱量と問われているので，実験で用いた水の質量と上昇温度，そして熱量を用いて計算する。電熱線Bを使って考えると良い。問題文より，水の質量は85g。表より，電熱線Bの5分間の上昇温度は10.0℃。熱量は(2)の答えを用いて3600J。3600〔J〕 ÷ （85〔g〕× 10〔℃〕）≒ 4.2 J。

(4)X　3.0 ÷ 3.0 ＝ 1.0（A）

Y　2.0 × 6.0 ＝ 12（W）の電力で，5分間で85gの水の温度が10.0℃上昇しているので，

1.0 × 3.0 ＝ 3（W）では，$10.0 \times \frac{3}{12} = 2.5$（℃）

上昇する。したがって水温は，20.0 ＋ 2.5 ＝ 22.5（℃）となる。

(5) 電熱線Aと電熱線Bの電力の合計は，1.0 × 6.0 ＋ 2.0 × 6.0 ＝ 18（W）なので，水の上昇温度は，

$10.0 \times \frac{18}{12} = 15$（℃）である。

(6) 電熱線Bの抵抗は3.0 Ω，電熱線Cの抵抗は2.0 Ω（6.0 ÷ 3.0）なので，回路全体の抵抗は，3.0 ＋ 2.0 ＝ 5.0（Ω）である。このとき，回路全体に流れる電流は，6.0 ÷ 5.0 ＝ 1.2（A）であるから，電力の合計は，6 × 1.2 ＝ 7.2（W）となり，水の上昇温度は，$10.0 \times \frac{7.2}{12} = 6$（℃）である。

MEMO

KADOKAWA